面向黄土丘陵沟壑区土壤侵蚀量估算的机载 LiDAR 数据处理方法研究

许　颖◎著

经济管理出版社
ECONOMY & MANAGEMENT PUBLISHING HOUSE

图书在版编目（CIP）数据

面向黄土丘陵沟壑区土壤侵蚀量估算的机载 LiDAR 数据处理方法研究／许颖著. -- 北京：经济管理出版社，2024. -- ISBN 978-7-5096-9852-5

Ⅰ. S157

中国国家版本馆 CIP 数据核字第 202432VH04 号

组稿编辑：赵亚荣
责任编辑：赵亚荣
责任印制：许　艳
责任校对：蔡晓臻

出版发行：经济管理出版社
　　　　　（北京市海淀区北蜂窝 8 号中雅大厦 A 座 11 层　100038）
网　　　址：www. E-mp. com. cn
电　　　话：(010) 51915602
印　　　刷：唐山玺诚印务有限公司
经　　　销：新华书店
开　　　本：720mm×1000mm/16
印　　　张：10.75
字　　　数：182 千字
版　　　次：2024 年 9 月第 1 版　　2024 年 9 月第 1 次印刷
书　　　号：ISBN 978-7-5096-9852-5
定　　　价：68.00 元

前　言

　　水土流失是世界性的环境问题之一，严重的水土流失导致土地退化、江河淤塞、生态环境恶化等一系列问题。我国是世界上水土流失最为严重的国家之一，水土保持与治理工作面临着严峻的挑战。水土流失量估算及监测是定量评价土壤侵蚀状况的有效手段及进行水土保持的基础，如何高精度估算土壤侵蚀量和监测水土保持效果是水土流失区域治理中迫切需要研究的关键技术问题。

　　机载激光雷达（Light Detection and Ranging，LiDAR）是一种实时获取密集三维空间信息的主动式对地观测系统，其出现为大范围土壤侵蚀监测和地形、地貌特征线提取提供了新的数据基础与手段。然而，海量的点云数据、空间范围大和自然地物的复杂性严重制约着机载 LiDAR 点云数据后处理的发展。本书针对黄土高原的土壤侵蚀问题，结合黄土高原的地貌地形特征，充分利用机载 LiDAR 的点云信息，对地形特征线提取、沟壑点云分割、土壤侵蚀量估算和土壤侵蚀预报预测模型进行了研究，旨在更精确地评估水土流失量。

　　本书主要研究内容和结论如下：

　　（1）综合分析了黄土高原区域特别是侵蚀沟的地形地貌特征和点云数据特征。充分利用区域的专题地图、气候观测资料、遥感图像、调查资料及相关研究的数据产品，归纳总结了区域地形、地貌特征。结合激光点云和影像数据特点，分析了侵蚀沟特有的点云特征、光谱特征及语义信息，为后续侵蚀沟特征线提取及流失量估算打下基础。

（2）研究了面向侵蚀沟特征提取的机载 LiDAR 点云去噪及滤波技术。结合黄土高原地形地貌特征及侵蚀沟语义信息，研究了面向黄土沟壑区的基于标准差阈值判断的点云去噪算法和基于空间距离和属性距离双重距离的聚类滤波算法。通过分析点云邻域内的离散程度，避免了稀疏非噪声点错判的情况，滤波过程中顾及点云的属性信息，实现了点云分割块之间的最大相似度。实验结果表明，本书算法解决了单一阈值对滤波效果的限制，有效分离地物点，使总体滤波效果达到最佳。

（3）提出了一种基于机载 LiDAR 点云极大曲率估计的地形特征线提取方法。针对黄土丘陵区沟壑点云特征复杂，已有算法比较适合规则点云识别的特殊性，研究了基于语义特征的沟壑边界点云识别方法。根据离散曲率的特征，对地形特征点进行粗分割。实验结果表明，该方法不需要人工干预，提取的地形特征点既简化了 LiDAR 点云数据，又清晰地描述了地形结构。

（4）提出了一种基于表面特征差异的三维侵蚀沟点云分割方法。针对侵蚀沟点云很难形成明显的表面特征，并且其变化范围、形成过程和外观不规则性增加了检测的难度，以及采用单因素微分信息的局限性，通过改变邻域尺寸，基于法向量、曲率及其变化完成侵蚀沟点云的分割。实验结果表明，该方法克服了已有算法应用微分几何单个参数造成的噪声敏感性及地物提取的局限性，分割的侵蚀沟点云能合理表达真实形态。

（5）建立了一套基于机载 LiDAR 技术的侵蚀沟识别和 DEM 重建的技术框架。探讨并形成了一种快速便捷的土壤侵蚀量估算方法，充分发挥机载 LiDAR 技术在特殊地形特征识别上的优势，构建基于特征线约束的不规则三角网，实现三维 DEM 重建。实验结果表明，特征线约束构建的 DEM 不仅弥补了点云不均匀造成的地面缺失，而且大大改进了数字地面模型重建效果，使结果更符合地形地貌特征。

本书主要研究成果和创新点如下：

（1）针对稀疏非噪声点误判问题，将标准差阈值判断应用于点云去噪算法中，提高了检测噪声的可靠性。提出了一种基于空间距离和属性距离相结合的聚类滤波方法，优化了地形复杂地区的滤波效果，并可完整保留微地貌特征。

（2）针对由数字化等高线数据或数字地面模型提取地形特征线受内插误差影响的问题，设计了一种直接利用点云的基于极大曲率估计的地形特征线提取方法。充分分析与总结地形特征，并赋予侵蚀沟语义信息，结合欧氏聚类实现了地形特征点提取以及 3D 特征线的检测。

（3）提出了一种基于表面特征差异的侵蚀沟点云分割方法。考虑到已有算法利用点云微分几何信息的单一性，充分利用法向量或曲率及其变化关系进行侵蚀沟点云分割，基于点云的多尺度分析得到更多的曲面信息，特别在有噪声的曲面点集中，基于多尺度的算法提高了特征识别能力。

（4）开展了基于机载 LiDAR 技术的土壤侵蚀量估算流程与方法研究。通过特征线约束建立高精度 DEM，实现了土壤流失量自动、精确计算，考虑了侵蚀沟发育的各种过程和影响因素，构建了土壤侵蚀预报预测模型。

目　录

1 绪论

1.1 研究背景与意义

1.1.1 研究背景

水土流失是一个全球性的生态环境问题。严重的水土流失不仅破坏土地资源、淤塞江河引发洪水灾害，而且污染水源，影响生态环境。水土流失影响人类生存和发展，进一步约束着全球社会、经济的可持续发展和农业经济的进展。因此，在新环境下，监测水土流失、进行水土保持、维护生态环境、保证一系列生态安全等越来越离不开对水土流失量的精确估算及预报。

我国是世界上水土流失最为严重的国家之一，特别是位于黄河中游的黄土高原地区，特殊的地域情况造成水力侵蚀和风力侵蚀严重，另外，受乱砍滥伐、土地不合理开垦等人为因素的影响，水土流失严重，多年平均输沙量达16亿吨。土壤侵蚀指通过一定形式的外营力作用使能量发生转换，造成土质的移动，比如流水造成的冲刷、雨水的击溅、沟壑侵蚀等均能使土质发生转移，即产生了土壤侵蚀。土壤侵蚀的加剧导致荒漠化、滑坡、塌方、冲沟等情况频繁发生，土壤侵蚀监测及保持工作遭遇严峻的挑战[1]。

详细的实地调查与高效、高精度的实测数据才能保证土壤侵蚀治理的有效性，对模型重建、土壤侵蚀动态监测、合理预报土壤侵蚀量也具有重要意义。水土保持监测需要掌握水土流失消长情况及有效预报水土流失趋势，是水土保持工作的基础，是宏观决策的依据[2~3]。土壤侵蚀的主要侵蚀类型包括水力侵蚀、风力侵蚀、重力侵蚀、冻融侵蚀和冰川侵蚀等。其中，黄土高原是以水力侵蚀为主的类型区，对水蚀的研究主要集中在小区域尺度上的面蚀，并且坡面侵蚀系统研究发展到现在已相对成熟，最常见的是通用土壤流失方程（Universal Soil Loss Equation，USLE）以及后续多次实践得到的修正方程（RUSLE）。与之相对应，冲沟监测因其空间特征特殊，需要实地调查及消耗大量人力物力，在一定程度上导致缺乏不同时空尺度的侵蚀沟研究的统一程序与步骤，大大限制了其发展。

沟蚀作为一种常见的土壤侵蚀类型，空间规模大导致水土流失量大，流失速度快，同时造成整个坡面支离破碎、沟壑密布，吞没土地资源，导致粮食减产，甚至交通瘫痪，在土壤侵蚀类型中占据着重要的位置[4]。在不同的时空尺度上，据研究，侵蚀沟产沙量占整个水力侵蚀产沙量的 10% ~ 94%[5]。沟蚀定量研究始于 20 世纪 70 年代，2000 年在比利时召开的有关沟蚀的国际学术讨论会探讨了侵蚀沟形成历程、侵蚀沟各临界值、侵蚀沟监测技术、侵蚀沟预报预测模型建立等方面的问题[6]。2002 年及 2004 年相继在中国和美国召开了有关沟蚀的国际会议。近年来，侵蚀沟问题逐渐成为研究热点并受到学术界重视。

如不及时治理沟壑侵蚀，后果将十分严重，因此迫切希望通过对沟蚀的定量化研究，构建侵蚀沟的土壤侵蚀模型，为分析土壤侵蚀动态、预报土壤侵蚀及其治理提供科学依据。随着对地观测技术和点云数据处理能力的发展，机载

LiDAR 作为一种主动观测技术，为高精度地球空间信息获取提供了数据支撑，从单点数据获取到高密集度自动数据获取、从小尺度观测到大尺度流域观测，在提高观测速度的同时获取高精度地表点三维空间坐标以及数字表面模型，为大范围土壤侵蚀监测和地貌特征线提取提供了新的数据基础与手段，更适合应用于复杂地形。

1.1.2 研究目的和意义

土壤侵蚀的地面过程实际上主要是侵蚀沟的发展，黄土高原区侵蚀地形地貌发展和演化的过程也即土地表面物质移动和沟间地缩小的过程[7]。土壤侵蚀量的精确估算及预报是制定水土保持规划的基础，也是确定一系列方案措施的重要依据。为了探索黄土高原水土流失过程和形成演化机制，需要对土壤侵蚀进行有效监测与预报。

自研究水土流失问题以来，土壤侵蚀相关监测技术不断发展。侵蚀沟监测最早是在黄土高原开展的[8]，目前监测的方法主要有实地测量法、立体摄影测量技术、高精度 GPS 监测、三维激光扫描技术以及光学遥感影像分析等。实地测量法虽然理论成熟、测量精度较高，但监测范围小，不适合大区域作业。Dymond 等（1986）、Milan 等（2007）、徐国礼和周佩华（1988）、Poesen 等（2003）、Harly 等（1999）使用立体摄影测量技术进行侵蚀沟监测[9~13]，与实地测量相比范围扩大，而且非接触式测量大大节省了外业工作量，但与黄土高原区域分布广泛的侵蚀沟相比，测量范围仍然很小，而且投影变形大、受地面坡度影响等。用高精度 GPS 技术监测黑龙江黑土区的侵蚀沟侵蚀过程，虽然具有精度高、速度快等优越性，但离散式的作业模式要实现对侵蚀沟的精细监测需要投入大量人力，况且地形复杂，危险区对监测人员的安全也会造成一定的威胁[14~16]。通过地面三维激光扫描对地形和流域进行监测，根据不同精度

DEM 分析侵蚀沟流失状况，尽管扫描仪的成本低、点密度高，但作业区域有限，尤其是扫描的范围和角度对侵蚀沟底部监测有一定的局限性[17~18]。光学遥感影像分析也是监测侵蚀沟的手段之一，光学遥感影像具有覆盖范围广、分辨率高等特点，但在天气不好的情况下，其影像质量会大打折扣。在中国乃至世界范围内，侵蚀沟分布广、危害大，因此在大尺度范围内构建一种有效监测和预报侵蚀沟流失量的技术框架迫在眉睫。

机载 LiDAR 点云数据密度大、精度高，除了可以获取传统遥感难以得到的高精度高程数据之外，同时也可以获取回波、强度等数据为目标识别、分类提供辅助数据，尤其能够快速获取植被下的地面或非地面数据，携带多光谱 CCD 相机，具备获得多光谱 CCD 影像的能力，加强对地物的认识和识别。一般点云高程精度可高达 15 厘米，平面精度优于 30 厘米，应用范围涉及基础测绘、电力、林业、水利等各行各业。这种技术的出现为大尺度、高精度的地形分析提供了新的数据源，但其在微地形地貌提取方面的研究还处于初始阶段，同时也对传统地形分析算法提出了新的挑战。

综上所述，机载 LiDAR 技术为我们提供了丰富的地表数据资源，如何充分利用这些资源获取我们所需要的信息或知识是国内外学者研究的重点，也是评价该技术是否发挥效益的重要指标。地表形态千差万别，不同应用需要的信息与知识也不同。针对黄土高原的水土流失问题，结合黄土高原的地貌地形特征，研究如何充分利用机载 LiDAR 的点云信息和影像信息，提取并构建侵蚀沟三维模型，研究侵蚀沟的形态变化趋势，精确估算土壤侵蚀量并进行土壤侵蚀量预报，对水土流失状况、水土流失治理及对后续水土流失保持措施布设提出合理决策与科学管理具有重要的意义。

1.2 国内外研究进展

目前，国内外许多学者利用各种沟蚀监测方法对侵蚀沟的影响因子、坡度坡长临界条件的确定、沟壑密度的统计及侵蚀沟的形态特征等进行研究，以达到对土壤侵蚀量估算和预报的目的。本书基于机载 LiDAR 遥感技术进行土壤侵蚀监测研究。土壤侵蚀量估算所需基础信息，比如高精度 DEM、侵蚀沟参数、坡度坡长因子等的获取，需对机载 LiDAR 点云的滤波技术、特征线提取技术、点云分割技术等一系列关键技术进行研究。因此，本书结合黄土丘陵沟壑区特有的地形地貌特征，为改进土壤侵蚀量估算精度，从以下几个方面进行综述：土壤侵蚀监测技术、机载 LiDAR 点云数据处理技术、土壤侵蚀量估算及预报问题。

1.2.1 土壤侵蚀监测技术

建立一套有效、合理、标准化的观测方法，是进行侵蚀沟侵蚀研究的基础和前提。但是，目前有关侵蚀沟侵蚀的监测方法有很多，观测尺度、参数不一，各种观测结果也难以相互比较。目前的观测方法主要有以下几种：

（1）现场调查法。早期研究针对土壤侵蚀机理方面展开，定位观测得到土壤侵蚀的统计描述，现场考察进行沟壑的定性描述。耿鹤年（1982）基于地质背景材料分析了黄土高原区的土壤侵蚀问题[19]。Graham（1992）通过对土地退化的调查，得出在研究区内沟蚀有较大范围分布[20]。Descroix 等（2008）研究了土壤退化过程，发现乱砍滥伐以及过度放牧等人为因素严重影响了土壤侵蚀，沟壑侵蚀的发生区域在土层比较厚的凹陷地区及沟谷底部[21]。

（2）手工测量方法。Casalí 等（2006）利用卷尺、微地形剖面仪等工具，沿冲沟每隔一段距离测量其横截面特征值，如长度、坡度、高度等来计算不同时期冲沟的容积变化，进而推算冲沟侵蚀量[22]。Ionita（2006）每隔一定距离布置侵蚀针作为基准点，雨季后用全站仪或水准仪测定冲沟边缘和侵蚀针的位置变化，据此测算土壤侵蚀量[23]。

（3）室内模拟。室内模拟是指雨水对地表面的冲刷用人工降雨模拟来代替，进而详细分析和模拟土壤侵蚀所形成的各种状态。Schmittner 和 Giresse（1999）为了分析矿物质对土壤侵蚀影响的程度，以特殊地块用收集的雨水进行室内模拟降雨[24]。在国内，有学者通过同一降雨强度下的室内连续模拟降雨试验，研究了黄土坡面细沟侵蚀形态，分析细沟的空间分布[25]。张雪花等（2006）通过室内模拟人工降雨研究了植被因子 C 在土壤侵蚀模型中的作用以及对模型的影响[26]。

（4）3S 技术集成监测方法。土壤侵蚀类型和速率受多种因素影响，如降雨、植被、气候、地形等，因此土壤侵蚀不仅分布广，而且具有一定的动态性，即同一地区不同时间、不同地区同一时间的侵蚀程度和方式会有较大差别[27]。土壤侵蚀动态变化的监测是传统观测方法和实验手段难以精确获取的。对地观测技术的发展，尤其是 3S 技术的高效结合，使实时获取土壤侵蚀时空变化过程变为可能。GPS 获取准确的地表信息、遥感技术提供大范围地表信息、GIS 具有强大的空间分析综合能力，三者的结合可进行土壤侵蚀数值模拟、参数分析以及预报。Martínez-Casasnovas 等（2003）通过 GIS 技术获得多时相 DEM，结合航空影像估算侵蚀沟流失量并确定侵蚀沟流失的速率[28]。Hu 等（2019）利用 GNSS 数据生成 DEM 提取地貌数据，探索 GNSS 技术应用于切沟侵蚀的可行性[29]。

现场调查和手工测量方法虽然理论成熟、测量精度较高，但监测范围小，不适合大区域作业。与实地测量相比，立体摄影测量方法范围扩大，而且非接触式测量大大节省了外业工作量，但与黄土高原区域分布广泛的侵蚀沟相比，测量范围仍然很小，而且投影变形大、受地面坡度影响等。用高精度 GPS 监测切沟侵蚀过程的技术，虽然具有精度高、速度快等优越性，但离散式的作业模式要实现对侵蚀沟的精细监测需要投入大量人力，况且地形复杂，危险区对监测人员的安全也造成威胁。光学遥感影像分析也是监测侵蚀沟的手段之一。光学遥感影像具有覆盖范围广、分辨率高等特点，但受天气情况影响较大，特别是在多云多雨条件下，成像质量无法得到保证。由于侵蚀沟在中国乃至世界范围内分布广、危害严重，因此迫切需要建立一种能在大尺度内快速定量监测和评价沟蚀的研究方法，为进一步计算土壤侵蚀量打下基础。

随着遥感技术的快速发展，机载 LiDAR 技术越来越成为当今快速获取三维数字地面模型的一种核心技术。机载激光雷达是一种新型传感器设备，可直接获取高精度 DSM，通过一系列数据后处理进行地物提取与分类。同时，机载 LiDAR 系统可以携带航空多光谱 CCD 相机，能够通过硬件或者后处理软件的方式与 LiDAR 点云直接配准，获取多光谱 CCD 影像，多源数据的获取进一步提高地物识别精度。机载 LiDAR 系统体现了发射、扫描、接收以及信号处理等一系列技术，加上与 POS 定位技术的结合，成为近年来遥感领域的一门新技术，在为各种应用提供新型数据的同时，对点云数据后处理技术和方法也提出了新的挑战。

1.2.2　机载 LiDAR 点云数据处理技术

本书结合黄土高原地形地貌特征，基于机载 LiDAR 技术进行土壤侵蚀量估算主要涉及以下几个关键技术：机载 LiDAR 点云滤波、地形特征线提取技术、侵蚀沟点云分割技术。

1.2.2.1 机载 LiDAR 点云滤波

机载 LiDAR 遥感技术获取的点云数据含有地面点和地物点，建立区域高精度侵蚀沟 DEM 需移除地物点云。地面滤波是指从离散的点云数据中区别出地面点和非地面点的过程，是机载 LiDAR 数据后处理的必要步骤之一[30~32]。机载 LiDAR 获取的原始点云数据是离散的、孤立的点，其点与点之间不存在任何拓扑关系[33]。因此，提高滤波精度必须考虑异常点、回波信息[34]、点的密度、物体复杂度、关联物体、植被以及地面的不连续性等对滤波算法的影响。

截至本书写作时，许多文献都提出了关于机载 LiDAR 技术的地面滤波方法[35~36]。按对点云处理方法的不同，滤波方法大致可以分为四类：①基于坡度的滤波方法[37~38]。此方法比较激光点云与其相邻点之间的坡度值来判断点的类别属性。如果两点之间的坡度值超过预定的阈值，那么相对高的点被认为是地物点。但仅根据统一阈值会过滤掉一些有用的地形信息，尤其在地形陡峭地带。②基于内插的滤波方法[39~41]。此方法的关键是用线性回归的方法迭代生成最佳接近地面的面，进行多次迭代的目的是抑制高频数据，但是容易过分"腐蚀"地形。③基于数学形态学的滤波方法。其原理是通过水平结构元素对 LiDAR 点云数据进行开运算，对剖面式点云数据进行过滤处理，并通过自回归过程对开运算结果逐渐改善。由于自回归算法要求数据点有序，而机载 LiDAR 得到的点云数据是不规则的、离散的，因此影响了数学形态学滤波方法的效果[42~45]。④基于聚类分割的滤波方法。该类方法考虑的是同类点集合之间的关系，而不仅仅以点与点之间的结构差异作为地形结构判断标准，因此在地形地物判断识别上更具合理性，滤波结果更加可靠。基于聚类分割的滤波方法是目前研究的前沿和方向，它被认为具有更好的鲁棒性[46]。

George Sithole 提出聚类分割算法更适合机载 LiDAR 数据地面滤波的思想，

之后又分别提出对点云数据本身进行扫描线分割和基于局部点云特征的分割方法，通过比较分割后相邻集合之间的高度关系进行聚类处理，并假设地面块低于相邻的地物块[47~49]。鉴于上述分割方法是基于局部点云而进行的，一些学者提出通过区域生长方式对原始点云数据进行分割[50~52]，将具有相似性质的点云集合起来构成区域，但是这种方法往往会造成过度分割。周晓明（2011）提出基于八叉树（Octree）聚类分割滤波算法，通过对 Octree 节点进行平面度测试实现自动分割，根据地物间的拓扑关系完成地面聚类，但这种聚类方法容易丢失一些关键特征点，并且造成分块太零碎[53]。喻亮等（2014）提出一种基于多维欧几里得空间相似度测量的点云分割方法，此方法是结合点云的特征数据进行分割，具有较大的灵活性和可扩充性[54]。由此可知，在聚类过程中，如果仅仅根据地物间的高度或者拓扑关系进行聚类，往往会造成聚类不合理，或者丢失有效信息，因此有必要加入点云的特征数据进行聚类。

1.2.2.2 地形特征线提取技术

特征线提取在三维激光扫描数据处理中是极其复杂的一项数据处理内容。在现有的一些点云数据处理软件中，特征线提取主要依靠人机交互的方式来完成。对于庞大的点云数据，从中直接提取多种数据特征是相当困难的。

所谓地形断裂线，不仅包含地形特征线，还包括地形表面出现了突变、转折等不是均匀变化的面，如河堤、冲沟、河流、池塘等[55]。地形断裂线按照特点分为单断裂线和双断裂线，山谷线、山脊线、坡度变化线等为单断裂线，陡坡、陡坎等为双断裂线[56]。提取地形特征线的传统方法主要是基于格网DEM 和等高线[57]，通过对三维地形表面的格网 DEM 进行流水模拟法提取地形特征线[58]。郭庆胜等（2008）研究了基于等高线建立约束三角网提取地形特征线[59]。传统获取地形特征线方法的弊端是当有突发情况发生时，无实时的相对应的 DEM 数据和等高线数据，并且提取精度大大依赖于现有数据源精度的高低。

特征线在点云上的主要特征有：线状特征，特征线可以被看作由一系列点组成；高程异常，点云数据的空间属性使特征线和特征线边缘存在一定程度的高程差异；坡度异常，高程点异常必将引起坡度较大的改变[60]。

机载 LiDAR 航空遥感系统可实时、全天候获取地球表面三维空间坐标以及影像数据，为复杂山区地形的地物提取及识别提供了高精度的数据源。基于机载 LiDAR 数据提取地形特征线可以分为两类：一类是对机载 LiDAR 点云处理后（基于 DEM）进行特征线提取。王宗跃等（2011）基于 DEM 提出动态阈值模型，采用正交测试法对动态阈值模型参数取值进行测试，进而提取山谷（脊）线[61]。彭检贵等（2010）对点云按照高程重采样为距离图像，用 LoG 算子运算得到概略断裂线，最后对其精化，缺点是仍需借助人工判读进行非断裂线的排除[62]。Kraus 和 Pfeifer（2001）对初始三维点云数据进行局部拟合，以二维特征线作为初始值，拟合平面相交的面即为地形特征线[63]。Schmidt 等研究了对地形特征线分类的前提下利用不同的函数分别进行拟合，完成特征线提取[64]。Ugelmann（2000）探讨了图像处理方法并用其进行地形特征线提取，对原始点云数据重采样生成深度图像，计算每个点的二阶导数，最后生成特征线[65]。此方法中数据重采样会造成不必要的噪声，引起特征线位置不准确。另一类是基于机载 LiDAR 原始点云数据本身进行特征线提取。李芸（2013）用微分几何理论知识提取脊谷特征点，利用最小生成树（MST）法则进行跟踪生成和裁剪[66]。Briese（2004）提出了试探跟踪法，研究基于内插参数估计局部相交平面参数，进而得到完整的地形特征线，此方法的不足之处是初始信息不明确、自动化程度低[67]。随后他又提出利用边缘检测的方法，此方法比较适合高程大的区域[68]。因此，自动化提取正确及完整的地形特征线显得十分重要。

特征线是联系特征点和特征面这两个参数的纽带，特征点可以由特征线相交得到，特征面可以由特征线共面来定义。因此，正确提取地形断裂线大致分为两步：首先是地形特征点的确定；其次是地形特征线的连接。Rutzinger 等（2007）用几何分析和数学形态学方法检测高曲面曲率和坡度的不连续性来建立线性轮廓模型[69]。接着他又基于离散曲率计算提取断裂线，并进行长度、坡度和弯曲度分析，最后用三个分类指标评价其提取精度[70]。

目前，对地形断裂线的自动和半自动提取方法的研究并不多。为了避免基于数字化等高线数据和数字地面模型提取地形断裂线特征受内插误差的影响，本书直接从机载 LiDAR 点云数据中提取地形断裂线（梯田、冲沟、堤岸、陡坎），研究提取隐含其中的地形断裂线，可以有效减少地貌特征的失真，作为下一步影像与点云数据配准基元，为用户提供精度更高的 DEM，可应用于地形分析、地形微地貌提取及高逼真度 DEM 的建立。

1.2.2.3　侵蚀沟点云分割技术

沟蚀所形成的沟壑称为侵蚀沟。根据沟壑侵蚀程度及表现的形态，侵蚀沟可以分为浅沟侵蚀、切沟侵蚀和冲沟侵蚀等不同类型。侵蚀沟参数包括沟长、平均沟宽、最大沟宽、平均沟深、最大沟深、沟沿线长、沟谷面积和沟体积。侵蚀沟参数的精确提取与计算可以提高建立区域 DEM 精度进而改善土壤侵蚀量估算精度。而侵蚀沟参数精确提取和计算的前提是从离散的、海量的点云数据中分割出侵蚀沟。

点云分割方法主要可分为两种：一种是将点云转化为深度图像，进而借鉴或直接应用图像分割算法进行分割；另一种是直接对散乱点云进行分割。比较经典的是利用基于边缘检测思想的图像分割算法，将局部表面属性的变化超过给定阈值的点定义为深度图像的边缘。针对传统边缘检测算法对噪声敏感，且主要使用边缘附近的数据进行决策，而可用信息没有得到最大化利用等问题，一些学者相继提出几种典型的基于边缘检测技术的改进算法[71~75]。还有一种深度图像分割方法是基于扫描线的方法。扫描线方法采用分裂—合并相结合的策略[76]。深度数据的每一行可看作一条扫描线，Jiang 等（1996）根据任何一个三维平面扫描线都可以生成一条三维直线的特点，提出基于扫描线的分割方法从深度图像中分割扫描线，一条扫描线由一行上的点组成，再分段拟合一组直线段，直线段合并成的区域为平面区域，进而完成平面分割[77]。Natonek（1998）和 Khalifa 等（2003）等针对以上方法进行改进[78~79]，提出一种基于局部扫描线逼近的分割算法。该算法采用边模型检测噪声像素以及不同受力条件下的位置和方向的不连续性。对于深度图像分割方法，由于其需要经过点云数据到深度图像的转换，而数据类型转换过程的计算代价很大，且会导致信息缺失，这是深度图像分割算法的一个严重缺陷[80]。

散乱点云数据的分割难点在于点与点之间的拓扑关系。目前，散乱点云的分割主要有基于边缘的分割方法、基于区域的分割方法、基于聚类的分割方法和混合分割方法。

基于边缘的分割方法以监测数据变化为出发点，首先，特征不连续的边缘点由边缘检测算子提取出来，其次，将边缘点连接成闭合的轮廓区域，其内部点集即为最终的分割区域[81~82]。Lukács 等（1998）提出对每个点局部邻域内描述线特征的几何属性——五参数和七参数进行估计，进而建立线性特征线提取的五/七维属性空间[83]。在该空间中进行线特征检测和提取对时间和内存的消耗很大，为减少计算代价，选择分别在方向、位置或半径属性子空间中检测线特征[84~86]。刘胜兰（2004）利用二次曲面拟合对三角网格模型顶点主曲率和主方向进行估算，取极值点为特征点，进而提取特征线[87]。总体来说，基于边的分割方法速度快、边界识别能力强，可以较准确地获取边界轮廓线段，但通常会形成断裂，对噪声数据以及计算误差非常敏感，不能保证构成完全闭合的边缘，需进一步处理才能得到最终分割结果。

基于区域的分割算法使用局部表面属性作为相似性测度，将空间上闭合且具有相似表面属性的点集合并到一起。基于区域生长的点云分割方法一直是众多学者的研究重点[88~93]。Besl 等通过计算每个点的高斯曲率进行初始分割，接着研究二次曲面拟合得到最终分割结果。[94~95] Gorte（2007）对每一个点云数据进行区域分裂合并处理，实现平面分割。[94] 这类方法由于易执行且能用于海量点云的高效计算，因而应用较广泛，但算法性能严重依赖种子区域的选择，往往很难确定最优的种子点集合，使得算法不够稳定。点云区域生长思想的重点和难点在于如何正确定义种子面，错误的种子面定义会导致误差积累以致整个生长过程失败，特别是对于含有大量噪声数据集的情况。

基于聚类的分割方法是将具有相似属性的点集在属性空间中进行聚类，根据局部邻域特征求得每个激光扫描点的分割属性，分割结果高度依赖于点云的分割属性。为得到最佳分割结果，需对分割属性进行精确估计。现有估计方法主要包括以下几种：通过待求点邻域内点集所定义的切平面参数来估计[96~97]；通过斜率自适应邻域法线来估计[98]；通过两个最初定义的局部待估计表面之间的法向距离来估计[99]；由激光扫描点的反射属性来估计[100]。利用以上方法确定分割属性后即可建立相应的属性空间，然后对待估属性进行聚类检测。具有相似属性的点集被分割成一类。Hoffman 和 Jain（1987）参考模式聚类方法对每一个三维点云所包含的列值、行值、深度及计算出的单位法向量组成的六维向量进行单个分割[101]。这种分割方法的主要优点是不需要选择种子点，但是对于处理多维属性空间和海量点云数据的计算效率比较低，并且对于共面但空间上不连接的平面会误分割到相同的聚类中。

以上每种分割方法面向不同应用具有各自的优缺点。为充分利用不同方法的优势，一些学者对以上方法进行研究和总结，提出了混合分割的思想[102~104]。

Yokoya 和 Levine（1989）研究基于区域分割和边缘分割相结合的方法进行深度图像分割[105]。Filin（2002）提出将模糊 C 均值（FCM）聚类算法和可能性 C 均值（PCM）聚类算法与相似性驱动（similarity-driven）的聚类合并算法相结合的混合分割方法[106]。本书结合黄土高原地区侵蚀沟点云处于纹理特征复杂的沟壑区的特征，改进基于点云的边缘分割算法，进行侵蚀沟点云的自动分割。

1.2.3　土壤侵蚀量估算及预报

传统侵蚀沟监测方法是通过手工测量的值，直接计算冲沟侵蚀量。而大范围、高精度的监测方法是通过观测数据建立冲沟区域高精度 DEM，获取影响土壤侵蚀的地形因子，如坡长、坡向、坡度、沟壑密度、剖面曲率等，通过两时段的 DEM 体积之差，进行土壤侵蚀量估算。

在 LiDAR 技术出现的初期，Betts 和 DeRose（1999）借助由 LiDAR 数据构建的 DEM 提取局部溪谷的形态信息，从而确定河岸侵蚀参数，建立水土流失模型[107]。James 等（2007）针对航空摄影和商业卫星数据对植被覆盖地区沟蚀提取局限性，提出用 LiDAR 数据建立 South Carolina 地区的 DEM，进而提取冲沟横断面形态信息[108]。Perroy 等（2010）将机载和地面激光雷达相结合进行沟蚀评估，由于地面激光雷达扫描侵蚀沟底部和侧部有一定的限制，因此机载激光雷达技术更适合大范围侵蚀沟监测[109]。Eustace 等（2009）用半自动的方法监测和绘制侵蚀沟地貌图，利用地面属性和 LiDAR 强度信息基于面向对象的方法把地形横断面分为侵蚀沟和非侵蚀沟，为土地利用和动态监测提供了帮助[110]。Evans 和 Lindsay（2010）提出从高精度 DEM 中提取侵蚀沟，并在侵蚀沟边缘内插出其深度，得到整个区域的侵蚀沟地貌图[111]。Mason 等（2006）针对点云利用边界检测算子得到高梯度值[112]。Rutzinger 等（2006）

基于最大曲率分割算法提出对象驱动方法进行兴趣点检测，算法适于深且宽的轮廓特征，对纹理特征复杂的沟壑地区效果不佳[113]。

Hughes等（2003）通过航片建立侵蚀沟密度模型，并在GIS技术支持下，生成了整个流域侵蚀沟密度图，并估算整个流域的年平均沟蚀量[114]。Lee（2004）提出在GIS技术环境下运用通用土壤流失方程（USLE）估算土壤侵蚀量并进行精度评估[115]。冲沟侵蚀从小区域内流失大量土壤[116~117]，Martínes-Casasnovas等（2003）利用多时相的数字高程模型计算由沟蚀带来的沉积物[118]。

有关土壤侵蚀预报的研究必然会涉及土壤侵蚀模型的建立。最常用且最成熟的土壤侵蚀预报预测模型是美国学者提出的通用土壤流失方程（USLE），利用数学模拟方法预报美国年平均侵蚀量[119]。接着Renard和Ferreira（1993）根据相关研究在通用土壤流失方程的基础上提出修正土壤侵蚀方程（RUSLE）[120]。RUSLE的应用不仅要考虑地域性的影响，而且方程中各项因子的获取也存在一定的难度。

水蚀预报模型（Water Erosion Prediction Project，WEPP）是一个基于侵蚀过程的可以连续模拟的物理模型[121]。该模型有3个版本：坡面版、网格版和流域版。坡面版是在USLE和RUSLE的基础上添加了坡面泥沙淤积估算功能，网络版可用于大区域集成侵蚀预报，而流域版在估算土壤冲刷量的基础上适应一定流域面积。相对于通用土壤流失方程来说，WEPP模型土壤侵蚀过程的模拟以及泥沙淤积等一系列过程的时空分布，在一定程度上克服了地域性的限制，缺点是一些通过遥感手段难以获取的因子严重限制了WEPP模型的进一步发展。

相对于成熟的面蚀模型的建立，侵蚀沟侵蚀模型的研究及建立基本上处于初级阶段，已有的一些不成熟侵蚀沟模型也仅仅围绕经验统计模型探讨，或者是根据相关观测得到的相关因子的回归方程。俄罗斯学者基于侵蚀沟形态机理把侵蚀沟预报预测模型分为两类：一是静态模型，二是动态模型。静态模型构建的前提是侵蚀沟的宽度和高度基本上不发生变化，动态模型基于质量守恒定律描述了侵蚀沟发育的阶段。通过验证，上述两种模型都能很好地预测侵蚀沟的形态参数，比如沟底深度，但静态模型的参数获取需要实地调查加以修正，动态模型成立的前提是侵蚀沟发展的速度比较快，这对于有些侵蚀沟不太适合并需进一步建立相对应的预报预测模型[122]。Radoane 等（1995）研究了沟头土壤崩塌量预测模型，沟头位置由 DEM 确定，通过计算土体的水分含量，应用平衡方程等找到土体发生崩塌的临界条件，但此模型不具有概括性[123]。总的来说，鉴于土壤侵蚀过程的复杂性以及技术条件的限制，目前有关侵蚀沟的预报预测模型还不能完全顾及侵蚀沟发展的各影响因素及各种过程，因此有待于发展和完善较全面的预报预测模型。

综合以上土壤侵蚀监测的研究现状，将机载 LiDAR 技术应用于黄土高原土壤侵蚀研究仍存在以下问题：在黄土高原地貌特征分析方面，对其地貌特征所表现出来的点云性质分析不足；现有滤波方法对黄土高原复杂地形来说，其滤波效果还不能完整保留其地形特征；点云和影像融合涉及配准基元地形断裂线的提取，仍然存在精度不高和不完整的现象；在土壤侵蚀量估算方面，统计模型和理论模型的适用性和相关因子计算有很多不确定性因素，现有的直接测量方法存在尺度和精度问题。

针对以上问题，本书重点采用机载 LiDAR 技术监测黄土高原微地形地貌特征及其动态变化，通过对点云数据进行处理，提取侵蚀沟的三维形态，建立高精度 DEM，进而精确估算土壤侵蚀量，为研究分析黄土丘陵沟壑区的水土流失成因、掌握水土流失现状等提供技术支撑。

1.3　本书研究内容及技术路线

1.3.1　主要研究内容

针对土壤侵蚀量估算及预报模型所需各种变量，从黄土高原地形地貌以及机载 LiDAR 点云数据和影像数据特征出发，基于多学科理论知识和现有研究基础，本书从黄土高原地形地貌特征分析、机载 LiDAR 点云数据处理、高精度 DEM 重建展开研究，主要研究内容如下：

（1）黄土高原区域地貌特征和数据特征分析。选取黄土高原区山西省朔州市为研究区域，详细分析该区域的专题地图（土壤和地形）、气候观测资料（降雨）、遥感图像（植被和土地利用）、调查资料及相关研究的数据产品，归纳总结区域地貌特征，并结合当地植被条件、土壤条件、降雨条件等分析侵蚀沟表现几何特征，根据现有激光点云数据和影像数据特点，分析此条件下侵蚀沟所表现的特有点云特征和光谱特征。

（2）点云数据预处理及滤波方法研究。建立高精度 DEM 的首要条件是得到准确的地面点云。总结分析现有机载 LiDAR 点云预处理和滤波方法，针对黄土高原地区地形起伏大、房屋和植被稀少的特点，总结其点云分布特征，研究面向黄土沟壑区的基于标准差阈值判断的 k 邻域点云去噪算法和基于双重距离的聚类滤波算法。预处理及滤波技术的系统研究，为三维沟壑重建提供数据支撑。

（3）基于极大曲率的特征线提取技术研究。针对基于数字化等高线数据和数字地面模型提取地形断裂线特征受内插误差的影响，结合研究区域特征，深入研究点云特征线提取策略。考虑到黄土丘陵区沟壑点云的复杂性，本书基于滤波后地面点云数据，研究基于语义特征的沟壑边界点云识别方法，采用微分几何中极大曲率估计、欧氏聚类、边缘检测等方法，进行 3D 地形特征线提取。

（4）基于表面特征差异的侵蚀沟点云分割方法研究。针对侵蚀沟所表现的特有的点云特征和影像特征，结合微分几何和多项式拟合理论，提出一种基于表面特征差异的侵蚀沟点云分割方法，即改进微分信息的变化关系，从仅考虑单因素微分信息扩展到了邻域的多尺度分析。对于多尺度分析，它们变化邻域的尺寸可以得到更多的曲面信息，提高特征识别的准确性，进而基于分割侵蚀沟点云提取侵蚀沟参数及进行侵蚀沟密度估算，实现侵蚀沟的三维可视化。

（5）土壤侵蚀量估算及应用研究。侵蚀沟流失量的估算是水土流失量计算的基础，鉴于地形特征线可以改进 DEM 重建精度，提出一种基于地形特征线约束的三维模型重建方法，根据单次点云数据估算土壤侵蚀的相对流失量，基于两期及多期 DEM 配准，估算整个区域土壤流失量，结合土壤侵蚀影响因素及其相互关系进行土壤侵蚀预报预测模型研究。

1.3.2　技术路线

本书以黄土高原区山西省朔州市为研究对象，以机载 LiDAR 系统作为监测数据采集的主要工具。首先，根据反映土壤侵蚀的相关资料，包括 LiDAR 点云数据和影像数据、地形图、DEM、正射影像图、遥感图像等，分析总结黄土高原地形地貌特征，并根据现有激光点云数据和影像数据特点，分析研究区域内侵蚀沟所表现出的特有点云特征、光谱特征及语义特征。

其次，对于采集的机载 LiDAR 点云数据，通过统计分析技术，引入标准差阈值判断方法进行去噪处理，对去噪后点云数据建立 Octree 结构，考虑的是同类点集合之间的关系，基于双重距离空间聚类进行滤波处理，有效区分地面点和非地面点，在精度评定方面，用 ISPRS 标准数据定性和定量评价本算法的准确性，验证滤波效果的合理性，达到滤除地物特征的同时完整保留地形特征的目的。

再次，针对滤波后地面点云，考虑到基于数字化等高线数据和数字地面模型提取地形断裂线特征受内插误差的影响，结合微分几何理论和欧氏聚类方法，基于极大曲率估计进行地形特征线检测，对所提取特征线与人工绘制特征线在线长度、坡度和弯曲度方面进行精度评价，最后重建 3D 特征线模型。

又次，在基于点云本身进行分割的前提下，对侵蚀沟点云基于法向量或者曲率等单一尺度进行分割，发现单一尺度的分割方法对噪声表现明显，接着引入改进法向量和曲率的变化关系进行侵蚀沟点云分割，即选择不同的距离半径，基于 TLS3L 进行曲面拟合，得到每个点云的曲率值以及特征差异值，进而得到精确的侵蚀沟点云；对侵蚀沟分割点云数据，基于偏微分方程的点云孔洞修补算法进行孔洞修复，以提取的特征线和沟沿线作为约束条件，构建研究区 DEM。

最后，基于两期的 DEM 差值数据，研究采用解析法精确计算体积的方法，估计土壤侵蚀量，评定土壤侵蚀量的估算精度，结合土壤侵蚀影响因素分析，进行土壤侵蚀预报预测模型研究。

本书的技术路线如图 1-1 所示。

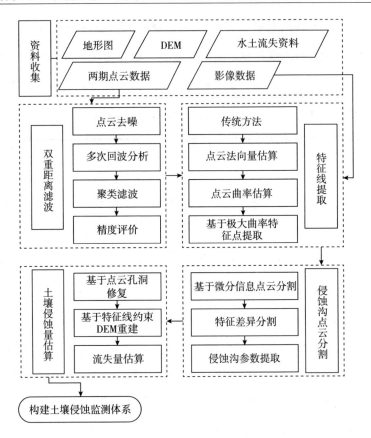

图 1-1　本书的技术路线

1.3.3　本书结构安排

本书以实现黄土高原实验区的土壤侵蚀量估算为最终目的,对基于机载LiDAR 技术进行实验所涉及的各个关键技术进行了一系列的研究与探讨,具体结构安排如下:

第 1 章阐述本书的研究背景和意义,国内外相关研究现状与趋势,提出本书的主要研究内容和研究目标,最后进行章节安排。

第 2 章对黄土高原地形地貌及机载 LiDAR 数据进行特征分析。根据黄土高原地区的专题地图、气候观测资料、遥感图像、调查资料等，归纳总结区域地貌特征，结合现有的黄土高原地区的机载 LiDAR 点云数据和影像数据，通过对其地物特征的总结和对比，分析侵蚀沟所表现的特有的点云特征、影像特征和语义特征。

第 3 章研究了面向黄土沟壑检测的 LiDAR 数据预处理方法。归纳和总结了 LiDAR 点云数据的组织和表示算法以及 LiDAR 点云数据的去噪算法与滤波算法。在多次回波分析基础上，针对黄土高原地区地形起伏大、房屋和植被稀少的特点，总结得出其点云分布不均匀、高程相差比较大，介绍了如何对海量点云数据建立空间索引方法，以及本书所用数据结构组织方式，讨论了将标准差阈值判断条件应用于 k 邻域点云去噪算法中，保留稀疏非噪声点。提出了基于双重距离的聚类滤波算法，更加精确区分地面点和非地面点，以保留完整的微地貌特征。通过上述研究，为沟壑三维重建提供理论基础和数据支撑。

第 4 章进行了基于极大曲率的地形特征线提取方法研究。地形特征线是地貌形态的骨架线，在进行水文分析、等高线的自动综合、制图综合和地形重建等方面起到至关重要的作用。归纳了地形特征线的特征并对其进行空间特性分析，回顾了提取地形特征线的传统方法，包含基于等高线和规则格网的方法，以及基于机载 LiDAR 点云的方法，同时基于点云的方法又可分为基于处理后点云的方法和基于点云本身的方法。考虑到基于数字化等高线数据和数字地面模型提取地形断裂线特征受内插误差影响，本章基于极大曲率的方法进行地形特征线提取。该方法不需要人工干预，直接基于机载 LiDAR 点云数据进行处理。

第 5 章进行了基于表面特征差异的侵蚀沟点云分割以及参数提取方法研究。侵蚀沟参数和系统的精确提取与计算可以提高建立区域 DEM 精度进而改进土壤侵蚀量。针对侵蚀沟所表现的特有的点云特征和影像特征，结合微分几何和多项式拟合理论，基于表面特征差异进行了侵蚀沟点云分割以及参数提取，侵蚀沟点云的自动化分割为土壤侵蚀和区域生态环境保护提供可靠的基础数据。

第 6 章为黄土高原土壤侵蚀量估算及应用研究。采用合理的插值方法，以提取的特征线和沟沿线作为约束条件，构建研究区 DEM，进行侵蚀沟流失量的估算。基于分割得到的侵蚀沟点云进行孔洞修复，并以侵蚀沟广泛分布的黄土高原区山西省朔州市为试验样区，结合当地植被条件、土壤条件、降雨条件等进行土壤侵蚀量估算，并对其进行坡度坡向分析，研究土壤侵蚀预报预测模型。

第 7 章为结论与展望。总结了本书的工作内容及研究成果，并对本书中的不足及待解决的问题提出新的展望。

2 黄土高原地形地貌及点云数据特征分析

  机载 LiDAR 技术为我们提供了丰富的地表数据资源，如何充分利用这些资源获取所需要的信息或知识是国内外学者研究的重点，也是评价该技术是否发挥效益的重要指标。地表形态千差万别，基于不同的应用所需要的信息与知识也不同。针对黄土高原的水土流失问题，本章基于机载 LiDAR 遥感技术，详细分析该区域的降雨、土壤和植被等自然条件，归纳总结区域地貌特征，总结了地形地物表现出的点云特征和影像特征，尤其对侵蚀沟表现出的点云特征、影像特征和语义特征进行详细分析，为研究侵蚀沟的形态变化趋势、精确估算土壤侵蚀量并进行土壤侵蚀强度分析提供技术支撑，对分析水土流失成因、监测水土保持治理的效果以及后期进行水土流失保持措施布设提出合理决策与进行科学管理具有重要的意义。

2.1 黄土高原环境概况

2.1.1 概述

中国秦岭以北、太行山以西、长城以南、乌鞘岭以东的范围为黄土高原，所包含的省份有山西省、陕西省、甘肃省等。黄土高原的土质比较松软，加上土地不合理利用、乱砍滥伐等人为因素的影响，水土流失严重。

黄土丘陵沟壑区是中国乃至全球水土流失最严重的地区，也是沟壑在黄土高原分布最广的区域，其分布涉及七个省，面积为 20 多万平方千米，其主要地形特点是千沟万壑、地表支离破碎。黄土丘陵沟壑区根据地形地貌差异分为五个副区，每个副区的沟壑密度、沟道深度有一定的差别，沟壑密度一般为 2~7 千米/平方千米，沟道深度一般为 50~300 米，侵蚀沟的形状多为"V"字形或者"U"字形，沟壑密度、深度、宽度等参数对后续预报预测模型建立起着至关重要的作用。总之，水土流失不但影响黄土高原地区的农业和经济的可持续发展，而且给黄河中下游带来了严重的生态环境问题。

从全国来看，土壤侵蚀类型区根据水力侵蚀可以划分为五大区域：西北黄土高原区、南方红壤丘陵地区、东北黑土地区、西南土石山区、北方土石山区。暂时性线性水流对地表的侵蚀作用会形成各种冲沟，即侵蚀沟是水土流失的主要表现形式。中国黄土高原地区尤其是黄土丘陵沟壑区，侵蚀沟表现最为突出，大部分地区的沟壑密度可以达到 3~5 千米/平方千米以上，最高地区的沟壑密度达到 10 千米/平方千米。[124]

2.1.2 自然环境的地域性分异特征

近年来，黄土高原地区的水土流失问题一直困扰着人们，加上侵蚀沟空间规模大、发展迅速，致使耕地破坏、农田吞噬、道路损坏等，造成大量的水土流失，在土壤侵蚀中占据着重要位置。本书根据黄土高原地区自然环境的地域性差异特征，分析自然环境下侵蚀沟发育特征，进而揭示黄土高原侵蚀沟发育规律，为侵蚀沟治理提供重要理论依据。

2.1.2.1 土壤的地域性分异特征

黄土高原区侵蚀沟的发展和发育与黄土土质有很大关系。黄土高原地区大面积分布的是黄土，是全球最大的黄土堆积区，占我国黄土总面积的 72.4%，黄土覆盖厚度大多为 50~200 米。不同地层的黄土厚度不同，六盘山与吕梁山之间一般为 150~250 米，六盘山以西一般在 100 米以内。黄土粒度由东南向西北逐渐变粗，黄土在南北方向上的粒度分异对黄土地貌及土壤侵蚀具有深刻的影响。黄土结构为"点、棱接触支架式多孔结构"，土体疏松，垂直节理发育，易遭降水侵蚀，成为侵蚀沟发展与变化的根源。

2.1.2.2 气候的地域性分异特征

黄土高原是大陆性季风气候，气温年较差、日较差大，终年降水稀少。从东南和西北来看，年降水量趋势是从西北向东南逐渐增多，以 200 毫米和 400 毫米等年降雨量线为界，西北部为干旱区，中部为半干旱区，东南部为半湿润区。降雨是影响黄土高原侵蚀沟发育最主要的气候因素。

2.1.2.3 地形地貌的地域性分异特征

土壤侵蚀在不断地改变着黄土高原的地形地貌，同时，黄土高原区的地形地貌也在一定程度上影响着土壤侵蚀强度和土壤侵蚀过程。黄土高原位于我国第二级地形阶梯，其地势西北高、东南低，自西北向东南呈波状下降。黄土高原以"千沟万壑"著称，其沟谷密度大多在 3~5 千米/平方千米范围内，局部地区可达 10 千米/平方千米，远远高出中国其他的山区和丘陵，沟谷下切深度为 50~100 米，其面积多为流域面积的 30%~50%，局部地区可达 60% 以上，因此形成了支离破碎的地貌景观格局。黄土高原的地表坡度普遍较大，坡度在 15° 以上的区域占全区黄土面积的 60%~70%，坡度小于 10° 的区域不足全区黄土面积的 10%。黄土丘陵区地面坡度大部分在 15° 以上，有的达 30°，坡长一般为 100~200 米，甚至更长，汇水面积较大，面蚀严重，遇到大雨或暴雨时，易发生沟蚀。

黄土高原以沟谷密布、地形连绵起伏为特点，它是风积黄土掩覆了丘陵、盆地、阶地和河谷等古地貌，并形成了有起伏的连续黄土盖层后，再经过流水等多种外力作用的侵蚀而形成的。在植被未遭受人类破坏以前，沟谷系统已经在发展，水土流失现象实际上已客观存在。黄土高原由黄土丘陵、黄土台塬和石质山组成，地面地形破碎，地形落差普遍，一旦遇上大雨或暴雨，黄土受坡度的影响特别容易坍塌，不利于水土保持。

2.1.2.4 植被的地域性分异特征

黄土高原植被分区基本上属于暖温带落叶阔叶林区和温带草原区，部分地区属于荒漠区，与青藏高寒亚高山针叶林草甸草原灌丛区相邻接。由于季风气候，又受到地域辽阔和地形起伏多变等因素的影响，因此植被区的差异较大。其规律大致为：东南部以温带阔叶林和针叶林为主，中部属于干旱草原带，以耐旱灌木为主，西北部以荒漠草原为主，整体上自南向北呈现从森林向草原过渡的趋势。

从宏观上看，黄土高原东南部的植被覆盖率明显高于西北部。受季风的影响，东南部水热条件较好，以落叶阔叶林为主。受地理位置影响，西北部水热条件较差，以荒漠和高原草地为主。

此外，不同土壤类型也会导致不同的植被覆盖率，如在土壤肥力方面，红黄绵土和灰黄绵土比其他类型要好，其植被覆盖率也比其他土壤类型要高。不同的地形地貌，植被覆盖率也不同，通常坡度较大、水土流失严重的区域植被覆盖率较低，经过地形地貌改造的区域的植被覆盖率有所提高。近年来，由于人类因素的影响，植被逐渐减少，草场面积不断缩减，侵蚀沟现象越来越严重。

总之，黄土高原地貌具有沟谷众多、地面破碎；侵蚀方式独特、过程迅速；沟道流域内有多级地形面的特点。因此，土壤的可蚀性强、降雨集中、植被稀少、地形起伏比较大等成为黄土高原地区侵蚀沟发展迅速的自然条件。

2.1.3　侵蚀沟发育与环境特征

水力侵蚀一般包括面蚀和沟蚀两种类型。面蚀是从土壤表面均匀地冲走表层土壤土粒的现象，是土壤侵蚀过程的第一个阶段；沟蚀是暂时性线状水流对地表的侵蚀作用（见图2-1）。

（a）面蚀　　　　　　　　　　（b）沟蚀

图2-1　土壤侵蚀表现形式

资料来源：郑粉莉，徐锡蒙，韩勇．浅沟和切沟侵蚀研究［M］．北京：科学出版社，2024.

沟蚀作为一种常见的土壤侵蚀类型，危害极其严重，使地形遭受强烈的分割，蚕食耕地，破坏道路，造成大量的水土流失，在土壤侵蚀中占据着重要位置。沟蚀所形成的沟壑称为侵蚀沟。水流的不断侧蚀、下切致使物质不断搬移，逐渐形成侵蚀沟。

2.1.3.1 侵蚀沟的侵性作用

由于侵蚀沟沟床的位置较其附近的河流水面更高，因此其下切作用十分活跃。如果侵蚀沟发育在松散土层中，如在黄土高原，常常可形成数十米的深沟。在基岩出露的地区，下蚀速度虽然较慢，但其侵性作用仍以下切为主，在复杂的地质构造和岩性影响下，沟底往往形成起伏不平的纵剖面。

在黄土或其他松散土层覆盖地区，如在黄土区，由于垂直节理较发育，侵蚀沟的沟头往往形成陡坎。当水流通过时，在陡坎底部掏蚀成壶穴，引起顶部崩塌，使陡坎不断后退，侵蚀沟不断伸长，有时每年可延伸数米至十余米。

2.1.3.2 侵蚀沟纵剖面的形成

侵蚀沟的纵剖面一般开始是呈不规则的阶梯状，多跌水，后来坡度转折处渐渐被侵蚀削平，使整个剖面倾料变得平缓，沟底有的地方是被蚀露的基岩，有的地方有堆积物。一般说来，在较短的沟谷里，纵剖面会演变成较平直的形态；在较长的沟谷里，纵剖面多演变为上部陡、下部渐缓的曲线。由于沟口的堆积不断向前伸长，而沟头部分不断向源侵蚀，因此全沟谷变长且底部坡度变缓。

2.1.3.3 侵蚀沟横剖面的变化

由于剧烈的下切作用，侵蚀沟的横剖面常呈"V"字形。谷壁陡峭，两侧的沟壁不断崩塌、剥蚀后退，从陡坡到缓坡。在纵剖面逐渐变缓的过程中，横剖面也变得开阔起来。

2.1.3.4 影响侵蚀沟发育的自然因素

土壤的可蚀性强、降雨集中、植被稀少、地形起伏大是影响侵蚀沟发育的自然因素。比如从地形方面来看，坡长、坡度关系到侵蚀沟的发育空间，切沟容易在坡度比较大的地段出现，汇水面积的大小关系到侵蚀沟的径流量等。

2.1.3.5　侵蚀沟形成和发展的环境效应

侵蚀沟使地形遭受强烈的分割，蚕食耕地，沟间地区地下水面下降，土地日益干燥，当侵蚀沟网密布，将平坦完整的沟间地蚕食分割为许多孤立的丘陵时，就更加严重了。同时它还将大量泥沙带入河流，增大河流的含沙量，成为下游河流和水库淤积的主要来源。

总之，侵蚀沟是黄土高原区土壤侵蚀的主要侵蚀方式之一，通过流水作用，沟壁不断扩展，下切不断加强，逐渐形成较大的呈"V"字形状的凹地。其大小相差比较大，侵蚀沟沟顶宽度从几米到几百米，沟壑深度几十米不等。侵蚀沟的形式更是千姿百态，但是它们有共同特征：横断面呈"V"字形，沟床较缓，沟头陡峭，多跌水与陷穴，沟缘明显。

2.2　机载 LiDAR 数据特征分析

机载 LiDAR 系统是通过搭载在飞机上的高端设备和地面中心控制系统一起严密配合，实现对地面和地物的实时高精度测量，获取大量点位三维坐标。机载 LiDAR 系统的主要组成部分包括激光扫描仪、惯性导航系统（INS）、动态差分 GPS 接收机（Differential Global Positioning System，DGPS）、成像装置（一般为高分辨率 CCD 相机）。

机载 LiDAR 系统测量原理简单。飞机沿某一方向飞行时，一般先由 GPS 测定激光测距仪的初始位置，由陀螺测定地球自转速度进而计算初始方位角，加速度计得到初始状态的水平姿态，进而确定初始姿态矩阵，DGPS/INS 系统开始自主导航，而此时的激光测距仪也以指定的扫描方式开始发射激光脉冲到地面，在激光返回激光测距仪后计算往返时间，从而得到激光测距仪距离地面点的距离，DGPS/INS 也获取了载体的高精度的位置信息和瞬时姿态参数、飞机飞行的速率和高度，通过这些数据能快速精确计算出地面点的三维坐标。图2-2 所示是机载 LiDAR 系统测量原理的简单示意图。

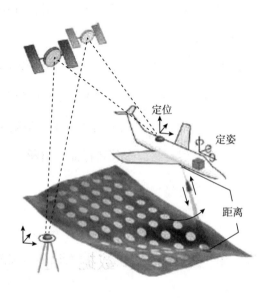

图 2-2　机载 LiDAR 系统测量原理示意

2.2.1　点云特征分析

机载 LiDAR 点云数据主要用于地貌生成、DEM 制作、高程点提取等。传统的航测数据、高程点、DEM、等高线等均需人工采集获取，经过外业像控、空三加密、立体采集定向等过程，误差有累积，相对于点云直接获取的高程数据而言，精度是有差别的，尤其在丘陵、山区等特殊地形上。目前，地形图对高程的要求比较高，尤其是万分之一基础测绘任务。之前，山区的地貌基本上是人工绘制的，个别区域的误差是比较大的，但引入点云后，反生的地貌数据精度提高了很多。随着数字城市向智慧城市转变，三维建模是必然发展趋势，点云的利用会提升到一个更高的高度。点云可以快速制作 DEM、DSM，而且较传统航测更贴近现实情况。

通过搭载不同的平台，根据不同的应用目的，机载 LiDAR 技术已被广泛应用于三维城市建设[125~126]、城市道路[127~128]、电力线工程[129~130]、林业调查[131]、石油管道提取与识别[132]、海岸带监测[133]、数字城市[134~136] 等领域，如图 2-3 所示。

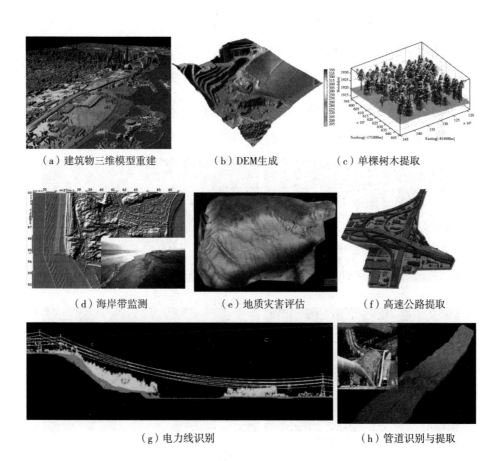

（a）建筑物三维模型重建　　　　（b）DEM生成　　　　（c）单棵树木提取

（d）海岸带监测　　　　（e）地质灾害评估　　　　（f）高速公路提取

（g）电力线识别　　　　（h）管道识别与提取

图 2-3　机载 LiDAR 典型应用

与传统摄影测量相比，机载 LiDAR 系统点云数据的特点表现在：①离散化的三维点云数据。②海量点云数据，每平方米点云个数在持续增长。在 2007 年，可以看到每平方米一个点表达的点云数据，到 2013 年，每平方米可以达到八个点，而现在，每平方米可以获取十几个点。③点云数据分布不均匀。④点云数据存在"盲区"或者数据缺失现象，比如地物遮挡、水体吸收、未扫描到或者航带之间扫描不够紧密等，都会影响点云数据的完整性。⑤除了点云数据，还有多次回波信息和激光强度信息，有时还会有同机影像信息，这些信息的提供将会为后续数据处理提供很大的帮助。

2.2.1.1 一般地物点云数据特征

机载 LiDAR 点云数据采集按照时间顺序，在空间上显示为离散不规则的分布。点云分为地面点和地物点。地面点云呈现整体连续及光滑的特征。地物一般包括建筑物、植被、道路、电力线、桥梁和立交桥等。总结来看，这些地物点云特征主要包含以下方面，其点云特征如图 2-4 所示。

（a）建筑物点云特征　　　　　　　　　（b）植被点云特征

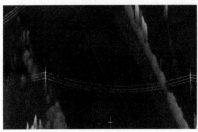 

（c）电力线点云特征　　　　　　　　　（d）桥梁点云特征

图 2-4　地物点云特征

建筑物点云特征主要表现在：建筑物既有简单的平面、矩形结构，也有层次结构和高程变化复杂的结构，有的建筑物还有一些附属结构，如楼梯、台阶、露台等。机载 LiDAR 点云获取的建筑物信息主要是屋顶面点云和少量墙面点，屋顶面大部分由平面片组成；屋顶边缘线与主方向呈现平行或垂直关系；屋顶面距离地面有一定高度；墙面数据比较稀疏。因此，建筑物在点云数据中最显著的特点是不同结构表面上的激光点存在高程差异，且同一结构之上的激光点在局部范围内满足近似相同的分布规律。

植被点云特征主要表现在：植被分为低矮的灌木和较高大的树木等，高大的树木分散稀疏、高度参差不齐、表面粗糙。机载 LiDAR 技术获取的植被点云最大的特征就是具有多次回波性质；其点云分布不规则，点云高程高于一般地面点，并在一定范围内呈现连续状态；点云粗糙度高于其他地物点云的粗糙度。

电力线点云特征主要表现在：电力线点云数据呈现独立、线状分布；对应的电力线点云近似分布在同一个垂面内；电力线点云高程在局部范围内基本相同，且在水平方向的投影为直线；电力线的数学模型符合数学函数；电力线上的点云密集度比较高，与周围其他地物区分明显。

道路点云特征主要表现在：根据多次回波分析，其点云为单次回波点云和末次回波点云；从高程方面来看，其点云高程与地面点云高程非常接近，同时又低于邻近地物点云的高程；从形状来看，其点云比较规则，并呈现条带状且相通；从强度来看，其强度特征比较高，与道路材质有关。

桥梁点云特征主要表现在：几何特征，桥面点高于周围地面点；桥面两端的脚点与地面点平滑相连；在构建不规则三角网时，其与周围地面点云组成的三角网至少有一条边长大于或者等于桥梁的宽度。

立交桥点云特征主要表现在：立交桥的点云相对于一般桥梁来说，其占地面积大、空中相互交叉；其点云比普通地物点云要规则得多；从多层立体交会的 LiDAR 点云视图中可见，同属于一个桥面的点云分布在连续曲面，不同的交叉路面存在高程上的突变。

不管是数字城市还是道路工程、建筑物提取等方面，从机载 LiDAR 的点云本身来看，有以下几个特征：①点云比较规则，地物提取相对容易；②地物点云和地面点云基本是分开的，有比较明显的表面特征；③地物特征比较规则，容易找到规则地物点作为配准基元以及地物提取。

2.2.1.2　侵蚀沟点云数据特征

侵蚀沟点云特征分析对土壤侵蚀尤其是侵蚀沟提取以及侵蚀量估算研究起着至关重要的作用。本书研究区域选取山西省朔州市朔城区的某村，所对应机载 LiDAR 三维点云显示如图 2-5 所示，点云获取时间是 2015 年，点云总数为 737923 个点，选取区域长度为 3041.99 米、宽度为 1893.01 米，点云平均密度为 0.13pts/m^2。

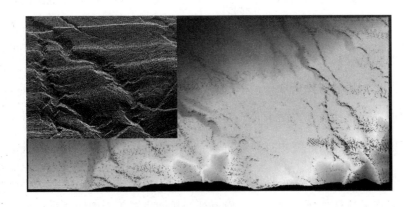

图 2-5　侵蚀沟点云特征

从图 2-5 可以看出，侵蚀沟的地形地貌形态是空间规模大、侵蚀沟大小不一，从横剖面分析，呈现"V"字形，从纵剖面来看，其与坡度坡面基本上一致，沟沿线不规则。从发展方式上看，侵蚀沟经历了沟头侵蚀、沟坡度侵蚀、下切侵蚀，侵蚀沟的动态变化造就了它的不规则性。其三维形态由侵蚀沟两边的沟沿线及对应沟底线来刻画，其三维模型能较好地反映其动态形态的变化，由于沟壁陡峭、沟谷深邃，因而侵蚀沟在水力、重力的双动力混合作用下，往往具有随机性特征。

总结来看，侵蚀沟的点云特征主要表现在以下几个方面：从侵蚀沟形态来看，其沟沿线点云表现出不规则、不对称的特征，沟壁点云密度分布不均匀，并且存在点云缺失现象，增大了侵蚀沟提取难度，沟沿线和沟底点云高程差别明显。从与其他地物点云差别来看，比如与建筑物、树木、道路、桥梁等地物表现出的点云特征进行比较，侵蚀沟表现出的点云嵌入在地形特征中，很难形成明显的表面特征，如图2-6所示。并且，一般侵蚀沟发生在山区，地形起伏比较大，地物点云特征不规则。同时，侵蚀沟的动态变化、形成过程更是增大了检测的难度。

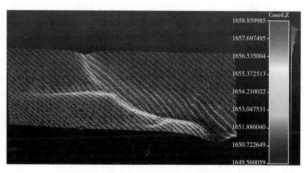

图2-6 侵蚀沟的形态特征

2.2.2　机载 LiDAR 同机影像特征分析

影像特征包含空间形态特征和光谱特征，纹理特征属于空间形态特征中的一部分。光谱特征反映的是影像的灰度值，纹理特征描述了空间关系与其灰度值之间的关系，代表了图像的某种空间分布规律。粗糙度、线性、规则性、匀质性等变量描述了影像的纹理特征。

2.2.2.1　常规地物影像特征

建筑物影像的灰度特征表现均匀，其反射率高，周围地物的灰度值一般低于建筑物的灰度值。与其背景环境相比，建筑物顶部的纹理特征较为明显。

道路通常色调较浅、转弯较急、曲率半径小。道路的级别可根据色调、宽窄及附属建筑物的不同来判断。由于太阳光线被遮挡，因此有阴影存在。

海洋影像特征表现为海陆界限一般较为明显，可以清楚地分辨出潮浸地带和高潮、低潮的位置。河流呈自然的条带状，表面光滑。

2.2.2.2　侵蚀沟影像特征

LiDAR 有直接获取测点三维坐标的功能，能提供地面高度信息。但 LiDAR 在光谱信息采集上存在不足，不能预先设定测量点的位置，使得 LiDAR 数据无法成像，很多情况下还需要结合测区的光学图像进行地物识别或数据辅助。近年来，越来越多的机载 LiDAR 航空遥感系统搭载了 CCD 数码相机，在获取三维点云数据的同时获取该测区的红外或者真彩色数字影像信息。如图 2-7 所示，对应研究区域影像获取时间是 2015 年，从影像上明显可以看出侵蚀沟，并且地物包括村庄里的房屋、树木、庄稼等。从图中分析来看，土壤侵蚀地区对应的影像特征表现为：

（1）侵蚀沟在影像上多呈现出明显的楔状、巷状或掌状等，沟壑密度大，沟内植被多以灌木为主，颜色较深，沟边多以坡耕地为主，界限明显。

（2）侵蚀沟影像几何特征极不规则，有阴影存在。

（3）影像纹理色调较均匀，纹理细腻，不同地类间色差较明显。

图 2-7 侵蚀沟对应影像

影像信息作为一种新的数据源，既可以辅助点云信息进行目标分类识别，也可以作为一种纹理信息对 DEM 数据进行质量评价。例如，Leica ALS50 系统采用 2000 万像素的 CCD 数码相机，同步摄影并能自动存储到系统。POS 系统的定位数据同样可以被用于数码相机影像的校正。本书中，影像信息可以作为一种数据源，对侵蚀沟进行分割识别，也可以作为一种纹理信息，增强对地物的判别能力，还可以对生成的 DEM 进行质量评价，进而评价侵蚀范围、侵蚀强度、侵蚀速率以及侵蚀对经济与环境造成的影响。

2.2.3 机载 LiDAR 点云语义特征分析

在遥感数据理解过程中，语义信息是一种和其他特征，如颜色、形状和纹理等有很大区别的一种高级特征，地物对象点云分割的目的就是实现数据流和这种语义信息的认知共鸣，以期获取并恢复现实世界物体的几何模型。

2.2.3.1 常规地物点云语义特征

分析各种地物在机载 LiDAR 数据中的语义特征的目的是将这些语义特征转化为用数学语言表达的约束条件。使用这些约束条件进行数据处理，即可将所需地物点云分割出来。

建筑物语义特征可总结为：地面之上，分布于道路两侧，形状规则；墙体光滑，垂直于水平面，平面投影为线形；墙面一般为整块规则的矩形或曲面，宽度大，转角多为直角；高程发生陡然变化。

水体在 LiDAR 数据中呈现出以下特征：激光点云稀疏；回波强度弱；点云的高程相近；水面低于周围陆地。对数据进行格网化处理后，水体的四条语义信息转化为数学语言：若某一格网内为水体区域，则点云的平均强度低，高程方差小，高程低于地面点。

立交桥虽具备一定的道路特点，但同时也具有多层次空间复杂结构。城市立交桥在空间上高于地物表面，作为城市道路的一种延伸，主桥及其支路部分高于地面；而在形态上，除去主体桥之外，还在左右两侧存在多个曲率较大、高程变化的空间跨桥和分支，并且在其区域内存在的最大高程大于建筑物和植被等周围地物。同时，作为城市道路的延伸，主桥端点与地面一般道路平滑连接，道路主方向与桥面方向具有相互平行的内在联系。

总结来看，常规地物一般有明确的数学关系来描述其语义信息。一个特殊的例子是，电力线是自然悬链曲线，其数学模型符合双曲余弦函数，曲线方程为：

$$y = a + c\cosh\left(\frac{x-b}{c}\right) \tag{2-1}$$

式中，a、b、c 参数的解由函数逼近方法进行解算。

2.2.3.2 侵蚀沟点云语义特征

侵蚀沟的形成过程是：水流的作用使沟顶处不断扩大，形成水蚀穴，进而继续冲击，沟底逐渐被冲刷，沟底冲刷进程相对于沟头来说比较缓慢，最后侵蚀沟通过沟底下切、沟头前进反复循环逐渐形成。

在黄土高原机载 LiDAR 点云和影像分析基础上，将侵蚀沟的语义特征归纳如下：侵蚀沟沟沿线边界高程高于周围点云；侵蚀沟点云总体符合流水特征；侵蚀沟宽度可达 1~2 米，长度可超过几十米；侵蚀沟所处地形坡度一般为 0°~30°；侵蚀沟点云粗糙度高于周围地面点云；侵蚀沟点云密度小于周围点云。前三个语义特征是从侵蚀沟的几何属性出发进行分析，后三个语义特征注重的是侵蚀沟与地面点云所形成的相互拓扑关系。

2.3　本章小结

机载 LiDAR 数据特征分析是进行特殊地物或者地物点云数据的检测与分割的前提。本章详细分析了黄土高原地形地貌特征、降雨、植被等对土壤侵蚀的影响，归纳总结了区域侵蚀沟特征；在介绍机载 LiDAR 系统基本构成、点云数据的特点以及典型应用领域基础上，通过对常规地物特征的分析，重点分析了侵蚀沟特有的点云数据特点以及所形成的语义特征，为研究侵蚀沟的形态变化趋势、精确估算土壤侵蚀量并进行土壤侵蚀强度分析提供技术支撑。

3 基于双重距离的聚类滤波算法研究

针对大量的、离散的机载 LiDAR 三维点云数据，提取侵蚀沟形态参数及构建高精度 DEM，噪声点的检测和剔除以及点云滤波是必不可少的步骤。噪声的存在对滤波过程产生不必要的干扰，有效滤除地物点能加强侵蚀沟识别精度。基于此，本章采用 k 邻域组织点云，根据其标准差值进行噪声点去除，结合黄土高原特有的点云分布特征，考虑到点云数据之间不存在任何拓扑关系，首先对去噪后点云进行 Octree 划分，其次在双重距离引导下，完成点云聚类分割的粗分类，最后以分割区域代替单个点云数据进行地面三角网渐进加密，用实验证明了本书去噪方法和改进滤波算法的优越性。

3.1 传统去噪方法

外在因素以及系统本身的误差导致机载 LiDAR 获取的原始三维点云数据含有大量噪声点，也称为粗差点。这些点产生的高程值异常严重影响后续数据处理，比如在点云数据滤波处理中，大部分的算法假设地面点的高程为最低，而如果存在噪声点的话，会严重影响滤波效果。比如在进行点云特征线提取时，噪声点的存在会使估计局部点云特征（采样点处法向量或曲率变化率）的运算变得复杂，并且会导致错误，对后续处理精度造成较大影响。因此，噪声点的检测和剔除是进行点云后续处理的重要环节。

3.1.1　粗差类型分析

机载 LiDAR 数据噪声点云的高程明显与正常点云不同，即相差相对比较大，因此基于高程值，噪声点分为以下两类：

（1）极低点。此类噪声点的产生来源于激光扫描仪的系统误差以及三维激光产生的多路径效应。此类噪声主要呈孤立分布，由于其与地面点高程差异不太大，因此滤波相对困难。

（2）极高点。此类噪声的产生来源于激光信号打在飞行物、鸟兽、悬浮物等物体上反射得到的点云。这类噪声的一个明显特征是高程值和其他点云差别比较大，并且数量较少，容易滤除。

从存在形式来说，粗差分为孤立的点和成簇的点。孤立的点是周围没有其他点的孤立的点。成簇的点是以一簇一簇的形式成群出现的点。粗差点的存在对后续处理精度会造成较大影响，因此需要采用有效、快捷的算法区分出所有噪声点，将点云中的粗差剔除。

3.1.2　传统去噪方法

现有的去噪算法比较多，大致归纳为以下几类：

（1）基于局部邻近点拟合的去噪方法。基于局部邻近点拟合的噪声检测方法建立在噪声点相对于局部邻近点在高程上存在显著的突变现象假设基础上。Brovelli 等（2002）研究了样条插值方法，通过比较观测值与插入值的高差设定阈值滤除，差别大的则为噪声点[137]。蒋晶珏（2006）对每个点云建立

其 k 邻域，并进行局部拟合，比较阈值与点到拟合平面的距离来判断是否为噪声点[138]。此方法对孤立点状噪声去除效果良好，但是对极低点这样的簇状噪声去除效果不是很好。

（2）从频率域角度去除噪声。此方法去除噪声点的关键是将点云数据的信号转换为频率域，基于滤波器函数，通过滤除突变信息去除高程异常值。Fang 和 Huang（2004）通过对原始点云数据基于 Mexican hat wavelet 进行小波变换，进而去除噪声[139]，Reddy（2009）用 sym5 替换了原来的母小波函数进行小波变换，进而去除噪声[140]，实验结果表明去噪效果很好。但是这种方法对选择何种母小波函数存在较大的经验性。

（3）其他去噪方法。Nardinocchi 等（2003）基于内插后的高程纹理图像算法去除噪声点，但是采用图像处理的方法并不一定能滤出所有的噪声点，且会降低处理的精度[141]。左志权（2011）通过三维有限元推理剔除噪声点，一定程度上解决了噪声点簇过滤的问题，但是涉及的参数较多，不利于自动化的实现[142]。

近年来，随着机载 LiDAR 系统的更新换代，三维激光扫描的频率越来越高，因此获取的三维点云密度越来越大，随之而来的是高程异常值点也越来越多并且侵蚀沟所处的地形一般属于山区，地形起伏比较大，地物特征复杂，篱笆、电力线点云密度低。现有的去噪方法容易滤除掉属于地物的稀疏点云，因此，本章基于改进的 k 邻域距离判断法进行点云去噪。

3.2　改进的 k 邻域点云去噪算法

3.2.1　k 邻域去噪算法

针对山区特殊的地形特征，基于高程突变的原理及噪声点少和个别地物点云密度低的特点，本章采用 k 邻域组织点云的去噪方法滤除噪声点。具体算法原理如下：

对点云中的每个点 $p_i(x_i, y_i, z_i)$ 建立点号索引，根据欧氏距离选择 k 个最邻近点 $q_j(j=1, 2, \cdots, k)$，k 值的选取一般和点云密度有关，计算它到它的所有邻近点的平均距离 $\mu = (p_i q_1 + p_i q_2 + \cdots + p_i q_k)/k$，进而计算其标准差，如式（3-1）所示：

$$\sigma = \sqrt{\frac{1}{k} \sum_{j=1}^{k} \left(p_i q_j - \mu \right)^2} \qquad (3-1)$$

假设结果符合高斯分布，均值和标准差决定其形状，那么噪声点可以认为是平均距离在标准范围以外的点。如图 3-1 所示，不管是孤立噪声点还是簇状噪声点，都可以有效识别，尤其是稀疏存在的非噪声点不会被当作簇状噪声点去除，而是保留下来。本算法不仅可以有效去除孤立点，而且对呈簇状分布的噪声点效果较好，尤其是保留了特殊地形上的稀疏地物，弥补了仅将点与 k 邻域点高差作为去除噪声点的判断条件的缺陷。当然，需要注意，k 值的选择不能太小，太小不容易去除成簇的噪声点，也不能太大，太大容易把稀疏地物当噪声点去除掉。

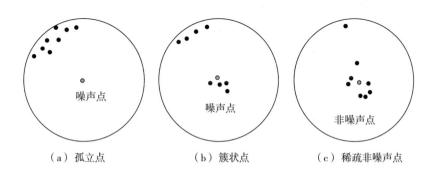

（a）孤立点　　　　（b）簇状点　　　　（c）稀疏非噪声点

图 3-1　点云去噪示意

3.2.2 去噪算法的改进

为了检验算法的稳定性和有效性，选取甘肃省山区实测数据作为实验数据，数据获取时间为 2015 年，由 Rigel 780 系统获取。数据中包含了山区地形地面点、侵蚀沟点，以及复杂的地物点，如建筑物点、电力线点、围墙点，共有 2209367 个点，点云平均密度为 $8.8pts/m^2$，点的最低高程为 1571.34 米、最高高程为 1785.30 米。图 3-2 所示为原始点云结构，可以明显看出存在一些孤立噪声点，通过现有点到面距离判断方法和本书改进的 k 邻域点云去噪算法分别进行实验分析，实验结果如图 3-3 所示，在图 3-3（a）中，半径取 1.8 米，距离阈值取 3.5 米，在图 3-3（b）中，根据上述对 k 值的分析，k 取值为 8，标准差阈值为 1。

图 3-2 原始点云结构显示

通过改进的 k 邻域点云去噪算法，共滤除 21348 个噪声点，点云平均密度变为 $8.732pts/m^2$。从原始点云的特征来看，地物复杂，点云密度不均匀，噪声点整体呈现离散分布状态，如果仅仅根据点到平面的高差绝对值判断噪声点，如图3-3（a）所示，容易对稀疏非噪声点产生错判的情况，剔除掉某些真实的地物点。而本书算法在考虑高程差异的同时，还对邻域内点的离散程度进行分析，以标准差为阈值判断条件，保留稀疏非噪声点如图3-3（b）黑色椭圆所示，更符合统计分析理论，因此检测程度的可靠性更高，尤其更适合山区地形特征。

（a）点到面距离阈值去噪[147]

（b）改进 k 邻域去噪效果

图3-3 去噪方法效果对比

3.3 常用滤波方法及分析

机载 LiDAR 地面滤波是获取复杂地形数字地面模型的关键步骤。建立高效率的空间索引结构对海量点云数据后处理至关重要，空间索引可以提高数据处理效率，简化数据处理步骤[143]。对于海量点云数据来说，有效组织点云，采用合适的方法表达点云并建立索引可以优化数据处理流程以及提高数据处理效率。

3.3.1 点云数据空间索引方法

在实际的三维点云数据处理中，不规则三角网（TIN）、八叉树、KD 树是常用的索引方法。本节简要介绍这三种空间数据索引方法，并对其优缺点进行分析。

3.3.1.1 不规则三角网（TIN）

TIN 利用区域内有限点集连接成一系列三角网网格，点集的密度直接影响三角面的大小，通过生成的连续三角面来逼近地形表面。最常见的是 Delaunay 三角网（D-TIN），满足条件是每一个三角形的外接圆内不包含其他的点[144]，特点是按照原始点集表示数字高程特征且不损失精度，对地形平坦地区减少数据冗余（见图 3-4）。但对地形起伏比较大的地形数据来说，三角网在边缘地区会有较大突起，因此在后续处理中要考虑这部分因素。

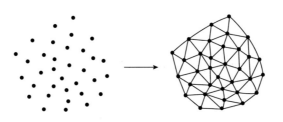

图 3-4   离散点云构 D-TIN 示意

3.3.1.2   八叉树（Octree）

相对于定义在二维平面空间上的数据索引四叉树和规则格网来说，八叉树（Octree）则是定义在三维空间上的[145]。八叉树是一种树状形式的数据结构，其几何模型如图 3-5 所示，从图中可以看出，八叉树结构简单，检索效率高，利于计算机表达存储。

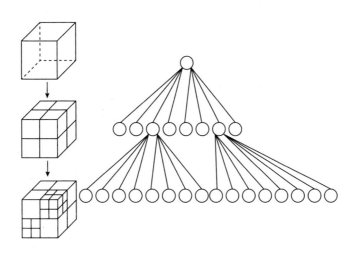

图 3-5   八叉树几何模型示意

3.3.1.3　KD 树

KD 树是由 Bentley 于 1975 年提出的 $k(k \geqslant 2)$ 维二叉检索树（BST），适于三维点云数据的查找和检索。其通过将 k 维空间划分成两个子空间，然后将子空间划分成两个子空间，如此自上而下递归划分空间，直至每个结点中的点数都小于设定的阈值（见图 3-6）。KD 树划分从本质上讲是平衡二叉树，其数据结构简单，存储效率比较高，但是如果需要更新数据，则需要重新构造数据结构[146]。

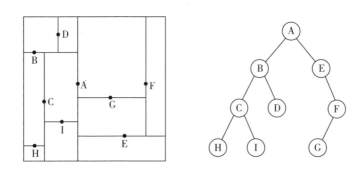

图 3-6　KD 树示意图 （$k=2$）

3.3.2　常用滤波方法

按照点云处理方法的不同，本章将机载 LiDAR 技术的地面滤波方法大致分为以下四类：

（1）基于坡度的滤波方法。所谓基于坡度的滤波方法，即在类别判断时比较三维点云数据与其相邻点之间的坡度值差别，如果设定的阈值大于两者之间的坡度值，那么认为此点为地面点，反之则为地物点。但是仅根据统一的阈值会过滤掉一些有用的地形信息，尤其是在地形陡峭地带。有时，虽然可以通过一定的先验信息对滤波阈值进行设定，但是地物的复杂性以及地形的不平坦性致使很难设定一个合理的阈值。

总之，从方法原理上可以看出此类算法优点明显，即计算相对简单，具有一定的适应性和可改进性。但是需要计算每个点的坡度并与其他点云相互比较，坡度阈值的设定也是一个难点，如果只参考坡度来设定阈值，则滤波结果不能很好保留地形特征，尤其是会过滤掉一些有用信息，此时应综合考虑实验区域地形特征及地物的复杂度。基于此，Sithole 改进此算法，研究了基于核函数的滤波方法，取得了较好的效果。

（2）基于内插的滤波方法。这种方法的关键是用线性回归的方法迭代生成最佳接近地面的面，进行多次迭代进而抑制高频数据，但是容易过分"腐蚀"地形。奥地利的 Kraus 等提出了一种迭代线性最小二乘内插滤波算法，与一般最小二乘算法相比，由于地物点高于地面点，因此高程拟合差不服从高斯正态分布，拟合残差均为正值。此类算法的优点是在得到高质量数字地面模型的同时，去除了一定的噪声点。当然，数据拟合效果的好坏取决于点云数据是否均匀分布，同时和基于坡度的滤波算法一样，此类算法要求地形起伏不能太大。

渐进三角网滤波算法是基于内插方法的一种成功改进，由 Axelsson 提出，通过一定的准则将机载 LiDAR 原始点云数据逐渐加密生成三角网，不符合准则而被滤除掉的点为地物点，被剔除，符合条件的点构成三角网[147]。如图 3-7 所示，三角形 *ABC* 是以高程局部最低点生成的三角网，*P* 为待判定点，α、β、γ 为 *P* 与三角面顶点连线的夹角，*H* 为 *P* 到三角面的垂直距离，通过判断夹角和距离与设定阈值的大小关系，确定 *P* 点的属性，迭代操作直到对所有点云完成判别。该算法已被成功应用到商业软件 Terrasolid 中。

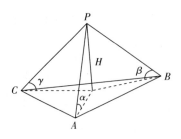

图 3-7 渐进三角网滤波算法参数示意

同样，实验证明，地物复杂度和地形起伏比较大的地区在选择滤波参数时具有一定的局限性，如果实时改变参数又会大大增加滤波难度，使滤波过程变得异常复杂。

（3）基于数学形态学的滤波方法。其原理是通过水平结构元素对点云数据进行开运算，对剖面式点云数据进行过滤处理，并通过自回归过程对开运算结果逐渐改善。由于自回归算法要求数据点有序，而机载 LiDAR 系统得到的点云数据呈离散不规则分布，因此造成了数学形态法滤波算法具有一定的局限性。影像数据不同，它可以划分成有序的有规则的像素点，数学形态学算法适合处理影像数据，因此在图像处理软件中应用广泛。如果对离散不规则点云数据进行处理，那么就需要对点云数据进行规则化处理，内插后一般会损失有效地形数据，尤其对于地形不连续区域，会使地形特征平滑化，造成滤波效果与真实地形不符的情况。

（4）基于聚类分割的滤波方法。此类方法在考虑点与点之间差别的前提下，同时顾及了同一类点云集合之间的关系。前三种方法是将点与点之间的结构差异作为地形结构判断标准，而基于聚类分割的滤波方法考虑的是同类点集合之间的关系，这样的判别准则更适合地形地物特征，滤波效果更加可靠。因此，基于聚类分割的滤波方法是目前研究的前沿和方向，它被认为具有更好的鲁棒性[35]。

George Sithole 提出聚类分割算法更适合机载 LiDAR 数据地面滤波的思想，之后又分别提出对点云数据进行扫描线分割和基于局部点云特征的分割方法，通过比较分割后相邻集合之间的高度关系进行聚类处理，并假设地面块低于相邻的地物块[47~49]。鉴于上述分割方法是基于局部点云而进行的，一些学者提出通过区域生长方式对原始点云数据进行分割[50~52]，将具有相似性质的点云集合起来构成区域，但是这种方法往往会造成过度分割。周晓明（2011）提出基于 Octree 聚类分割滤波算法，通过对 Octree 节点进行平面度测试实现自动分割，根据地物间的拓扑关系完成地面聚类，但这种聚类方法容易丢失一些关键特征点，并且造成分块太零碎[53]。由此可以看出，在聚类过程中，如果仅仅根据地物间的高度或者拓扑关系进行聚类，往往会造成聚类不合理，或者丢失有效信息，因此有必要加入点云的特征数据进行聚类分析。

通过对现有聚类分割算法的分析与总结，本章提出基于双重距离进行空间聚类的滤波算法。在分析现有数据结构的基础上，对去噪后点云数据建立 Octree 结构，由于黄土高原地形复杂，为了不失地形特征的真实性，针对传统滤波算法不能有效顾及地形特征的缺点，引入基于双重距离空间聚类的滤波方法。此方法在考虑点与点之间差别的前提下，同时顾及了同一类点云集合之间的关系，这样的判别准则更适合地形地物特征，滤波效果更加可靠。在精度评定方面，用 ISPRS 标准数定性和定量评价本算法的准确性，验证滤波效果的合理性，达到在滤除地物特征的同时完整保留地形特征。

3.4 基于双重距离的聚类滤波方法

3.4.1 滤波算法原理

空间聚类滤波方法是在对原始点云数据进行 Octree 划分的基础上，以包含一个模型为停止条件，在双重距离的引导下，完成点云聚类分割的粗分类，最后以分割区域代替单个点云数据进行地面三角网渐进加密的过程。

具体步骤如下：首先创建 Octree 对象作为提取点云时所用的搜索方法，再创建一个点云索引向量，用于存储实际的点云索引信息，每个检测到的点云聚类被保存在这里。分割时，每个离散点云通过 Octree 节点进行划分，划分的停止条件是叶子节点中只包含且仅仅包含一个模型。此模型被定义为平面模型。为了估计平面模型的估计结果，点集中任意点 $P_i(X_i, Y_i, Z_i)$ 到平面的垂直距离为：

$$V_i = |ax_i + by_i + cz_i + d| \qquad (3-2)$$

其中，(a, b, c, d) 是平面四个参数，(a, b, c) 作为平面的法向量参数，并且这个参数是唯一的。

由于点云中分割提取的点都处在估计参数对应的平面上或与该平面的距离在一定阈值范围内，因此除了确定平面四个参数以外，还要进行阈值的设置，阈值设置取决于地形起伏特性和地物复杂性。如果在分块的过程中有过度分割的情况，那么就需要进行后续的聚类。

空间数据同时具有空间属性和非空间属性，空间聚类不仅要求满足空间几何关系，而且需要在非空间属性上也能做到最大相似度。针对本章的 LiDAR

三维点云数据定义其空间距离和属性距离如下。

假设三维空间要素集 $F = \{f_1, f_2, \cdots, f_n\}$ ($n \geq 2$)，非空间属性维数为 m，对于 $1 \leq i, j \leq n$，f_i 到 f_j 的空间距离和属性距离分别表达为：

$$D_{geo}(f_i, f_j) = \sqrt{(x_i - x_j)^2 + (y_i - y_j)^2 + (z_i - z_j)^2} \tag{3-3}$$

$$D_{art}(f_i, f_j) = \left(\sum_{k=1}^{m} \frac{|A_{ik} - A_{jk}|}{D_{k\max}} \right)^{\frac{1}{m}} \tag{3-4}$$

其中，A_{ik} 表示第 k 维属性，$D_{k\max}$ 为第 k 个属性最大最小属性的差值，$D_{k\max} = A_{k\max} - A_{k\min}$。本书考虑的属性信息为点云强度信息和根据最小二乘法计算点云邻域内点集的拟合平面的法向量信息。

空间聚类的具体实现过程是：以八叉树点云分割的邻接关系图为聚类搜索参考，按照双重距离进行逆向上聚类操作，进而对节点子集进行融合。根据拟合平面计算每个点所对应的法向量，加上点云强度信息，计算各个数据对象之间的双重距离，将双重距离小于预定阈值的类合并在一起，接着重新计算各类之间的双重距离，聚类停止的条件是类与类之间的距离大于设定的阈值，最后对局部聚类进行全局聚类。

由于点云数据的复杂性和阈值设置的不完善性，尽管采用基于八叉树和双重距离的空间聚类分割方法进行地面点提取，但是还存在一些地面点不能被正确分类，本章采用基于块的地面三角网渐进加密，在粗分类的基础上进一步进行精细迭代判断。但是此方法的缺点是滤波参数的选择具有一定的局限性，并且参数设置比较多。为了克服这个缺点，本章在渐进三角网滤波算法是基于原始点云的基础上，采用分割区域块代替原始单个点云数据进行三角网的建立。

综上所述，空间聚类分割滤波算法是结合八叉树平面度分割和双重距离聚类，充分利用点云中携带的几何信息和属性信息，合理地完成了点云分割与聚类，进一步进行渐进三角网迭代，采用基于块的从粗到细的策略提取地面点，完成滤波过程。其具体算法流程如图 3-8 所示。

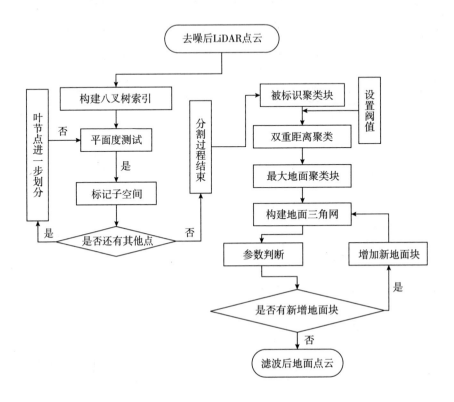

图 3-8 基于空间聚类滤波算法流程

3.4.2 实验结果分析

为了测试本章提出的滤波算法的有效性及可靠性，并从定性和定量两个方面与经典滤波算法进行比较分析，数据采用 ISPRS 第三工作组测试数据及样本数据，点云数据的获取方式为 Optech ALTM 扫描仪，记录首次和末次回波数据[148]。为了保证定性和定量分析算法的有效性，选取包含不连续地形特征的测试数据 Csite2 和样本数据 Sample41、Sample42、Sample52、Sample53 和 Sample61。其中，Csite2 为城区数据，点间距为 1.0~1.5 米，主要地形特征是广场里不连续的地面特征。样例数据中也包含了许多不连续现象，如高频率的地形起伏，中断的陡坡、山脊，间断的地形和不连续的陡坡、沟渠等。样例数据由人工编辑生成，所有点云被标记为"地面点"或者"非地面点"，关于地形的详细特征可以参照 Sithole 和 Vosselman（2003）[149]。

为了提高后续点云滤波分类结果的精度，首先对原始点云数据采用改进的 k 邻域点云去噪算法进行去噪处理，其次对去噪后点云进行多次回波信息分析，一般情况下，首次回波信息和中间回波信息属于地物点云，而单次回波或者末次回波可能是地物点云也可能是地面点云[150]。鉴于本章目的是提取地面点，根据点云的多次回波信息反映了不同地面特征，为了减少点云滤波数量，并提高地物点去除的高效性，首次和中间次回波信息不加入滤波处理中。由于选用的 ISPRS 仅提供首次回波和末次回波，因此本章只采用末次回波数据来进行实验，分析滤波效果。

图 3-9（a）为对 csite2 数据预处理后结果的显示。基于八叉树建立点云索引和双重距离进行空间聚类分割，所得地面聚类结果如图 3-9（c）所示。剩余点云数据如图 3-9（e）所示。通过根据种子地面块建立三角网进行阈值判别，最后生成地面点，如图 3-9（d）所示。图 3-9（b）是通过 Terrasolid 软件对 csite2 进行滤波处理的结果。

分割聚类效果显示：空间聚类滤波方法可以移除大部分地物点，很明显，地面区域有许多主要的聚类组成，并且包含的点云比较多，而地物点的聚类则分布得比较零散。通过将图 3-9（b）和图 3-9（d）进行比较，可以看出本章方法较 Terrasolid 方法有很大改善。参考样本数据地面图 3-9（f），与图 3-9（b）和图 3-9（d）对比可以明显看出，圆圈标出的大量地面点，Terrasolid 方法明显没有提取出来，而本章基于空间聚类分割的方法，针对地面不连续的地

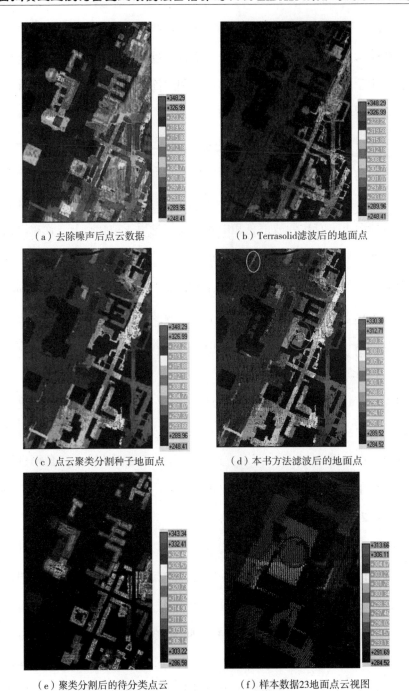

（a）去除噪声后点云数据　　　　　　（b）Terrasolid滤波后的地面点

（c）点云聚类分割种子地面点　　　　（d）本书方法滤波后的地面点

（e）聚类分割后的待分类点云　　　　（f）样本数据23地面点云视图

图 3-9　测试数据 csite2 滤波结果

形，可以有效提取地面点，很好地保持地形的特征，这是空间聚类的优点所在。当然本章方法也有一些不足之处，比如白色椭圆标出部分，这些地物点没有有效剔除。由于地物本身点云稀少、形状细长（如桥）并且和地面呈连续状态，因此这些点不容易剔除。

3.4.3 滤波精度评价

以上从视觉上评价了滤波效果，定性分析了获得的数据是否符合实际地形状况。为了定量分析本书提出的滤波方法的效果，按照 ISPRS 研究小组报告里的评价方法，滤波误差被分为 I 类误差和 II 类误差，即将地面点错误划分为地物点集所产生的误差为 I 类误差，又称为拒真误差；将地物点错误地划分到地面点集称为 II 类误差，又叫纳伪误差。总的误差率是对 I 类误差和 II 类误差加权求和的结果，利用这些指标可以评价算法的可行性。

图 3-10 至图 3-12 显示了 Sample41、Sample42 和 Sample53 的 DSM 和滤波后的 DEM，以及样本数据的 DEM 和 I 、II 类误差的分布图。Sample41 和 Sample42 包括陡峭的山坡、大型建筑物，Sample53 包含河流、不连续地面等。从实验结果来看，本章方法滤除了大部分复杂建筑物、延伸的物体以及一些植被，很好地保持了广场里不连续的地面点、城市的斜坡、高频率的地形起伏等这些复杂地形。总之，本章方法可以很好地保持地形特征和地形起伏，但是对于一些稀疏点云，尤其是接近地面的地物点云效果不是很好。

对滤波后的点云数据进行统计，并与其他滤波方法以及 MHC（Multiresolution Hierarchical Classification）滤波算法[151] 通过参考数据分类结果对比得

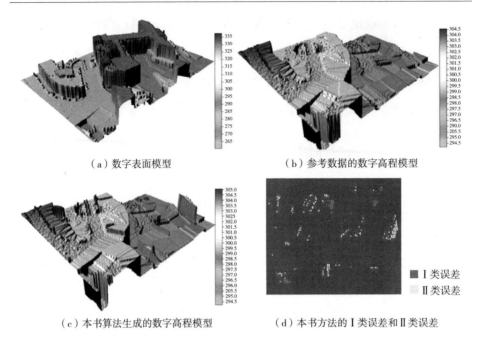

（a）数字表面模型　　　　　　　　（b）参考数据的数字高程模型

（c）本书算法生成的数字高程模型　　（d）本书方法的Ⅰ类误差和Ⅱ类误差

图 3-10　Sample41 的滤波效果

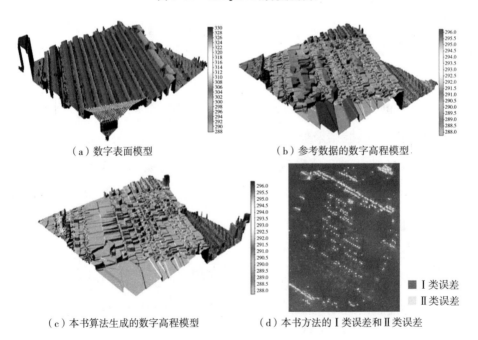

（a）数字表面模型　　　　　　　　（b）参考数据的数字高程模型

（c）本书算法生成的数字高程模型　　（d）本书方法的Ⅰ类误差和Ⅱ类误差

图 3-11　Sample42 的滤波效果

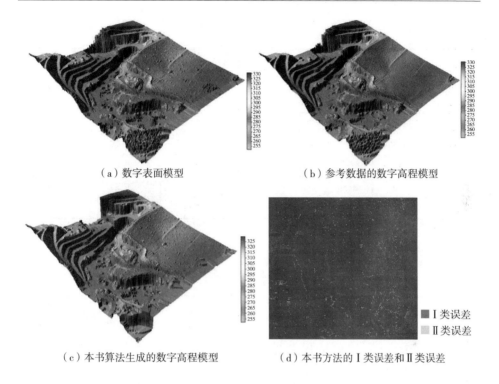

（a）数字表面模型　　　　　　　　　　（b）参考数据的数字高程模型

（c）本书算法生成的数字高程模型　　　　（d）本书方法的Ⅰ类误差和Ⅱ类误差

图 3-12　Sample53 的滤波效果

到的定量评价结果如表 3-1 至表 3-3 所示。其中，a 为正确判断的地面个数；b 为地面点错判为地物点的个数；c 为地物点错判为地面点的个数；d 为正确判断的地物点个数。滤波的目的是尽量多地得到正确的地面点，一般要求在Ⅱ类误差不是很大的情况下，尽量降低Ⅰ类误差和总体误差的比率。Ⅰ类误差、Ⅱ类误差和总误差公式表示为：

$$type \text{ Ⅰ } error = \frac{b}{a+b} \times 100\% \quad type \text{ Ⅱ } error = \frac{c}{c+d} \times 100\%$$

$$total \text{ error} = \frac{b+c}{a+b+c+d} \times 100\% \tag{3-5}$$

表 3-1　滤波精度定量分析

Data	Result				Type I error [%]	Type II error [%]	Total error [%]
	a	b	c	d			
Samp41	5482	120	366	5263	2.14	6.50	4.33
Samp42	12217	226	798	29229	1.82	2.65	2.41
Samp52	19670	442	809	1553	2.09	34.25	5.57
Samp53	31503	1486	654	735	4.50	47.08	6.22
Samp61	33539	315	355	851	0.93	29.44	1.91
Average					2.30	28.30	4.26

表 3-2　经典滤波算法总误差统计

Data	Elmqvist	Sohn	Axelsson	Pfeifer	Brovelli	Roggero	Wack	Sithole	Chen 等 (2013)
Samp41	8.76	11.27	13.91	10.75	17.03	12.21	9.01	23.67	5.58
Samp42	3.68	1.78	1.62	2.64	6.38	4.30	3.54	3.85	1.72
Samp52	57.95	12.04	3.07	19.64	45.56	9.78	23.83	27.53	4.18
Samp53	48.45	20.19	8.91	12.60	52.81	17.29	27.24	37.07	7.29
Samp61	35.87	2.99	2.08	6.91	21.68	18.99	13.47	21.63	1.81
Average	30.94	9.65	5.92	10.51	28.69	12.51	15.42	22.75	4.12

表 3-3　Chen 等（2013）所示总误差

Data	Type I error [%]	Type II error [%]	Total error [%]
Samp41	9.07	2.11	5.58
Samp42	4.70	0.48	1.72
Samp52	3.06	13.76	4.18
Samp53	7.15	10.51	7.29
Samp61	1.70	4.98	1.81
Average	5.14	6.37	4.02

表3-1 显示了基于双重距离聚类的滤波算法的有效性，可以看出本章算法滤波精度比较高，总误差整体小于 6.22%，对比表 3-1 和表 3-3，本章算法 I 类误差整体小于 MHC 滤波算法。图 3-13 给出了不同算法总误差对比，在 II 类误差不是很大的情况下，较好地将 I 类误差和总误差控制在了比较小的范围内，说明定性分析与定量分析基本一致，所以本章算法对城区尤其是山区机载 LiDAR 点云滤波具有一定的有效性和可靠性。

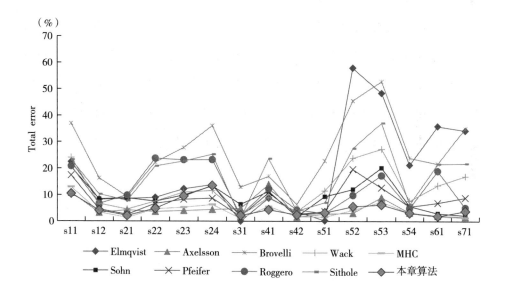

图 3-13 不同算法总误差对比

3.5 本章小结

本章从针对海量点云数据建立空间索引方法入手，重点对点云去噪与滤波方法进行了研究。通过分析点云邻域内的离散程度，将标准差阈值判断条件应

用于 k 邻域点云去噪算法中，避免了稀疏非噪声点错判的情况。实验结果表明，该方法可以有效去除噪声点并保留稀疏非噪声点，符合统计分析理论，尤其适合山区地形特征。

为了防止"腐蚀"地形或者不能有效剔除地物点的情况出现，本章提出了基于空间聚类的滤波方法，首先对点云构造八叉树结构进行分割，进而用空间距离和属性距离相结合的方法进行聚类，考虑到地形的复杂性和阈值设置的不完善性，采用基于块的地面三角网加密，进一步进行精细迭代判断，实现点云滤波分类。通过顾及点云的属性信息和对分割区域块代替原始单个点云数据渐进三角网加密的改进，实现了点云分割块之间的最大相似度以及地物点和地面点的有效分类。通过与 ISPRS 提供的实验数据和样本数据进行比较，本章算法解决了单一阈值对滤波效果的限制，且在处理不连续地面时，能有效分离地物点，保持复杂地形特征，使总体滤波效果达到最佳。

4 地形特征线提取方法研究

地形特征线中隐含着大量地形特征信息，作为土地利用分类、土壤侵蚀模型、地表过程模拟中的重要变量，可应用于地形分析、地形微地貌提取及高逼真度 DEM 的建立。对于庞大的点云数据来说，从中直接提取多种数据特征是相当困难的。因此，提取点云数据特征之前进行地形特征线提取是一项很重要的数据处理过程。本章首先归纳了地形特征线的特征并对其进行空间特性分析，其次回顾了地形特征线提取的传统方法，包含基于等高线和规则格网的方法，以及基于机载 LiDAR 点云的方法，同时基于点云的方法又可分为基于处理后点云的方法和基于点云本身的方法，考虑到基于数字化等高线数据和数字地面模型提取地形断裂线特征受内插误差影响，本章基于极大曲率分割的方法进行特征点检测和 3D 特征线提取，该方法不需要人工干预，直接基于机载 LiDAR 点云数据进行处理。

4.1 传统地形特征线提取方法

4.1.1 地形断裂线的定义

地形表面通常不是光滑和均匀变化的。所谓地形断裂线，不仅包含地形特征线，还包括地形表面出现的突变、转折等不是均匀变化的面，如河堤、冲沟、河流、池塘等。地形断裂线按照特点分为单断裂线和双断裂线，山谷线、山脊线、坡度变化线等为单断裂线，陡坡、陡坎等为双断裂线。特征线在点云上的主要特征有：线状特征，特征线可以看作由一系列点组成；高程异常，点云数据的空间属性使特征线和特征线边缘存在一定程度的高程差异；坡度异常，高程点异常必将引起坡度的较大改变。

沟蚀所形成的沟壑称为侵蚀沟。根据沟壑侵蚀程度及表现的形态，侵蚀沟可以分为浅沟侵蚀、切沟侵蚀和冲沟侵蚀等不同类型。对于本书研究的侵蚀沟来说，其所处区域一般为山区，地形特征线一般包含山脊线、山谷线、山脚线、"U"形谷底线等，侵蚀沟本身包含沟沿线、沟底线等。侵蚀沟参数主要包括沟长、沟深、沟沿线长、沟谷面积和沟体积。通过对侵蚀沟特征线的提取，可以进行侵蚀沟参数分析，进而实现侵蚀沟的几何精细重建并对其进行三维可视化。侵蚀沟参数的精确提取与计算可以提高建立区域 DEM 精度，进而改善土壤侵蚀量估算精度。

特征线提取是三维激光扫描数据处理中极其复杂的一项数据处理内容。在现有的一些点云数据处理软件中，特征线提取主要还是依靠人机交互的方式来完成。汤国安（2014）根据数据来源的不同，将特征线提取方法分为基于等高线方法、基于规则格网方法、基于不规则三角方法和基于激光点云方法[152]。事实上，基于不规则三角方法是在等高线基础上建立三角网，因此本章介绍基于等高线方法、基于规则格网方法和基于激光点云方法。

4.1.2　基于等高线方法

基于等高线方法提取地形特征线是利用数字化等高线的形状、弯曲程度、密集程度等进行特征点识别，进而勾绘各类地形特征线。靳海亮等（2006）利用 Split 算法找出局部曲率最大点，即为地形特征点，通过一定的判别法则区分山脊点和山谷点并生成山脊（谷）线[57]。郭庆胜等（2008）同时考察弯曲顶点的曲率值和形状指数值，选取值大的点作为地形特征点，在构造等高线的约束 Delaunay 三角网的基础上提取地形特征线[59]。张尧等（2013）预先对满足一定条件的等高线进行插值处理，再采用联合 Delaunay 三角网模型和约束型 Delaunay 三角网的方法提取地形特征线[153]。采用这些方法获取地形特征线的弊端是当有突发情况发生时，无实时的相对应的 DEM 数据和等高线数据，并且提取精度大大依赖于现有数据源精度的高低。

4.1.3　基于规则格网方法

基于规则格网方法主要从规则格网 DEM 中采用图像处理方法、地表几何形态分析方法和地表水流模拟模型方法进行特征线提取研究。不同地形复杂度条件下 DEM 进行地形分析具有一定的确定性和不确定性规律[154]。图像处理技术的原理是先扫描格网数据，比较最低点和最高点，然后通过一定的准则对其进行连接，生成特征线。孔月萍等（2012）首先构造两种灰度形态学算子，对 DEM 数据迭代处理，再辅以筛选、细化，抽取其中的特征线[155]。地表几何形态分析方法是利用地形表面起伏处的变异规律来提取特征线。周毅等

（2007）根据特征线具有线状特征，基于地形地貌的几何形态，通过线状窗口替代面状窗口进行研究，并融入极值断面法的分析思想[156]。朱庆等（2004）将矢量操作与栅格操作相结合对 DEM 中的洼地进行处理，在确定平地水流方向时采用了邻域格网分组扫描方法，用三维地形表面水流模拟法从格网 DEM 中提取山脊（谷）线[58]。

4.1.4　基于激光点云方法

机载 LiDAR 航空遥感系统可以全天候获取地形的海量三维点云信息，为后续数据处理提供了精确的数据源。基于激光点云方法进行特征线提取是在对原始点云数据进行去噪和滤波处理的基础上，通过建立三维点云数据的微分几何关系进行地形特征的提取，或对局部点云数据进行平面拟合，其相交平面即为地形特征线。李芸（2013）用微分几何理论知识提取山脊（谷）特征点，利用最小生成树（MST）法则进行跟踪生成和裁剪[66]。Kraus 和 Pfeifer（2001）对初始三维点云数据进行局部拟合，以二维特征线作为初始值，拟合平面相交的面即为地形特征线[63]。Briese（2004）提出了试探跟踪法，研究基于内插参数估计局部相交平面参数，进而得到完整的地形特征线，此方法的不足是初始信息不明确，自动化程度低[67]。随后他又提出利用边缘检测的方法，此方法比较适合高程大的区域[68]。因此，自动化提取正确及完整的地形特征线显得十分重要。

特征线是联系特征点和特征面这两个参数的纽带，特征点可以由特征线相交得到，特征面可以由特征线共面来定义。因此，正确提取地形特征线大致分为两步：首先是地形特征点的确定；其次是地形特征线的连接。为了避免基于数字化等高线数据和数字地面模型提取地形特征线特征受内插误差影响，本章直接从机载 LiDAR 点云数据中提取地形特征线（梯田、冲沟、堤岸、陡坎），研究提取隐含其中的地形特征线，有效减少地貌特征的失真，为用户提供精度更高的 DEM，用于地形分析、地形微地貌提取及高逼真度 DEM 的建立。

4.2　基于极大曲率的特征线提取方法

目前，关于从机载 LiDAR 点云中自动和半自动提取地形特征线的研究并不多。李芸（2013）用微分几何理论知识提取山脊（谷）特征点，没有考虑到曲率对复杂地形的影响。Briese（2004）提出了试探跟踪法，通过局部相交平面获取地形特征线，缺点是需要已知断裂线的起始位置和发育方向等初始信息，缺乏自适应性。

为了避免基于数字化等高线数据和数字地面模型提取地形特征线受内插误差的影响，以及现有特征线受三维特征限制，本章提出了一种基于极大曲率分割的地形特征线提取方法，该方法不需要人工干预，直接基于机载 LiDAR 点云数据进行处理。

4.2.1　算法原理及分析

本章直接从机载 LiDAR 点云数据中提取地形特征线，因此有必要对点云数据的法向量、曲率等特征量进行估算分析，为进一步有效检测地形特征线打下基础。鉴于原始三维点云是离散的、不规则的，获取点云之间的微分几何关系、点云分类、地物识别、三维建筑物模型重建等需要建立点与点之间的空间拓扑关系。点云的微分几何信息包括法向量、曲率等描述曲面性质的量，原始点云中只有空间三维坐标，因此本节介绍邻域关系建立方法和微分几何信息计算方法，为进一步地物识别等提供更多有效信息。

4.2.1.1 邻域建立方法

建立领域点之间的关系主要有两种方法：k 邻域（K Nearest Neighbors，KNN）法与固定距离（Fixed Distance Neighbors，FDN）法[157]。一个点的近邻点建立区域后，可以对其拟合曲面，然后用曲面的几何信息表示点的几何信息。

设散乱点云的测点集合为 $Cloud = \{p_1, p_2, \cdots, p_n\}$，任一点 $p \in Cloud$，则与测点 p 距离最近的 k 个点称为点 p 的 k 邻域，记作 $Nb(p)$（包括 p 点，共 $k+1$ 个点）。图 4-1 表示点 p 的近邻点分布情况。

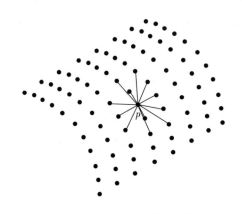

图 4-1　点 p 的 k 邻域

每一个点云直接决定了它的 k 邻域点，而且和其他任意点的邻域没有关系，通过建立每个采样点的 k 邻域关系估算局部曲面几何性质，为进一步地物提取与识别提供了基础数据源。

根据到点 p 的固定距离，给定了一个固定的区域，选择区域内所有的点，如图 4-2 所示。固定距离法受点云的密度影响比较大，点云密度越大，固定区域内的点越多。因此，在具体实验中，应根据实验目的及点云密度选择合适的邻域建立方法。

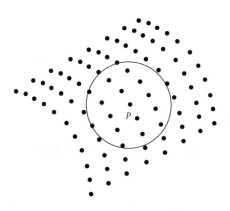

图 4-2　点 p 的固定距离

4.2.1.2　法向量计算及一致性调整

法向量反映了曲面在某点处的几何特征，原始的散乱点云本身没有法向量，点云数据的法向量主要通过点的邻域来确定。目前已有的点云法向量估算方法主要分为三角网法、二次曲面方法和局部平面法[158]。

（1）三角网法。Woo 等（2002）将点云构成三角网，然后根据点周围的三角形平面的法向量计算点的法向量[159]，如图 4-3 所示。点 p 的法向量用下式计算：

$$n_p = \frac{\sum\limits_{i=1}^{m} n_i}{m} \tag{4-1}$$

单位化为：

$$\overline{n}_p = \frac{n_p}{|n_p|} \tag{4-2}$$

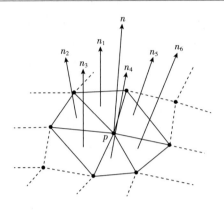

图 4-3 三角网方法的法向量计算

（2）二次曲面法。曲面在一点附近完全可以用二次曲面来近似表示：

$$f(x, y, z) = ax^2 + by^2 + cz^2 + fxy + gyz + hxz + ux + vy + wz + d = 0 \qquad (4\text{-}3)$$

如果已知式（4-3）中的 a、b、c 等未知参数，那么曲面上任何一点处的法向量可以由式（4-4）计算。

$$n = \left(\frac{\partial f}{\partial x}, \ \frac{\partial f}{\partial y}, \ \frac{\partial f}{\partial z} \right) \qquad (4\text{-}4)$$

（3）局部平面法。对于点云中的每个点 $p = (x, y, z)^T$，通过 p 点的 k 邻域点获取，在局部平面内进行最小二乘拟合。此平面可以表示为：

$$ax + by + cz = d \qquad (4\text{-}5)$$

式中，$\boldsymbol{n} = (a, b, c)$ 表示平面的单位法向量，d 表示平面与坐标原点之间的距离。

在点 p 和它的 k 个邻域点的任意一点 $p_i = (x_i, y_i, z_i)^T$ 到该平面的距离为：

$$d_i = |ax_i + by_i + cz_i - d| \qquad (4\text{-}6)$$

为了获得理想的拟合平面，应该满足 $\sum d_i^2$ 最小。其中，法向量 $\boldsymbol{n}$ 可以通过求取式（4-7）中矩阵的最小特征向量来获得。

$$A = \begin{bmatrix} \sum \Delta x_i \cdot \Delta x_i & \sum \Delta x_i \cdot \Delta y_i & \sum \Delta x_i \cdot \Delta z_i \\ \sum \Delta x_i \cdot \Delta y_i & \sum \Delta y_i \cdot \Delta y_i & \sum \Delta y_i \cdot \Delta z_i \\ \sum \Delta x_i \cdot \Delta z_i & \sum \Delta y_i \cdot \Delta z_i & \sum \Delta z_i \cdot \Delta z_i \end{bmatrix} \tag{4-7}$$

式中，$\Delta x_i = x_i - \dfrac{\sum x_i}{n}$，$\Delta y_i = y_i - \dfrac{\sum y_i}{n}$，$\Delta z_i = z_i - \dfrac{\sum z_i}{n}$。

显然，三角网法只适用于无噪声的点云数据。三角网法在计算点云数据法向量时需要对散乱点云数据进行三角划分，因此计算量比较大，计算过程较为复杂。二次曲面法可以有效地处理点云模型中的噪声和局部范围内的法向量估计，但是应用到海量点云数据中有一定的困难[160]。本章采用第三种方法，即局部平面法估算点云数据的法向量。

由于采用局部平面法计算得到的散乱点云各点处的法向量朝向各不相同［见图4-4（a）］，因此需要对得到的法向量方向进行一致性调整［见图4-4（b）］。

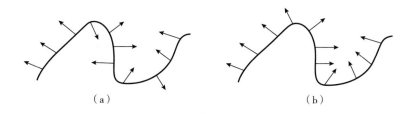

（a） （b）

图 4-4 法向量一致性调整

设点云数据中任一点 p_i 的单位法向量为 n_i，邻域点 p_j 的单位法向量为 n_j。两点法向量的夹角为：

$$\theta_j = \cos^{-1}(n_i \cdot n_j) \tag{4-8}$$

若 $\theta_j > 90°$，则将 n_j 进行反向。遍历所有点，最终将所有点的法向量调整为与点 p_i 的法向量方向一致。

4.2.1.3　点云曲率估计

点云法向量估计只是曲面模型中的一个向量，除此之外还包括曲率（主曲率、平均曲率、高斯曲率等），它们共同反映了曲面的局部特征，具体来看，法向量反映的是曲面的变化趋势，各种曲率反映的是曲面的弯曲程度。点云的曲率是根据局部点构成的曲面来描述的[161]。直接计算散乱点的曲率是困难的，常见的做法是用二次参数曲面逼近原始点云进而实现曲率的估算。本章采用主成分分析[162]（Principal Component Analysis，PCA）方法计算点云数据的曲率。主成分分析方法通过正交变换将一组可能存在相关性的变量转换为一组线性不相关的变量，尽可能化繁为简，此方法也是一种综合评价方法[163]。

假设某种待分析的信息测定了两个变量 x_1 和 x_2，两个变量的数据点在平面上，如图 4-5 所示。待分析样本点之间的差异通过两个坐标轴表现出来，如果将坐标轴进行旋转，使样本点的差异集中体现在 z_1 上，并且所体现的差异占了绝大部分，就可以将 z_2 忽略，只考虑 z_1。这样，问题也相对简化了。

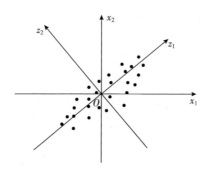

图 4-5　PCA 方法示意

如图 4-6 所示，设点云数据中任一点 p_i 的法向量为 n_i，邻域点 p_j 在其切平面上的投影可以定义为：

$$\bar{n}_j = n_j - (n_j \times n_i) n_i \tag{4-9}$$

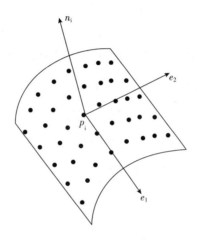

图4-6　圆柱面上点 p_i 及其邻域点的主成分方向

法向量的协方差阵可表示为：

$$\sum = \frac{1}{k} \sum_{j=1}^{k} \bar{n}_j \bar{n}_j^T \tag{4-10}$$

对协方差阵 $\sum$ 进行特征值分解：

$$\sum = \sum_{i=1}^{2} \lambda_i e_i e_i^T = (e_0 \ e_1 \ e_2) \begin{pmatrix} \lambda_0 & 0 & 0 \\ 0 & \lambda_1 & 0 \\ 0 & 0 & \lambda_2 \end{pmatrix} \begin{pmatrix} e_0^T \\ e_1^T \\ e_2^T \end{pmatrix} \tag{4-11}$$

式中，λ_i 为协方差阵 $\sum$ 的特征值，e_i 为 λ_i 对应的特征向量。由于上述计算的是投影法向量，e_0 与 n_0 实际上是同方向的，对应的特征值 λ_0 等于 0。而 e_1、e_2 分别代表极小与极大曲率方向，它们对应的特征值 λ_1、λ_2 分别代表最小、最大主曲率。因此，可以用特征值 λ_1、λ_2 来计算高斯曲率 K 和平均曲率 H：

$$K = \sqrt{\lambda_1}\sqrt{\lambda_2} \tag{4-12}$$

$$H = \frac{\sqrt{\lambda_1} + \sqrt{\lambda_2}}{2} \tag{4-13}$$

有些文献[164~166]采用拟合局部曲面方法计算曲面点的主曲率，结合平均曲率 H 和高斯曲率 K 进行不同情况的讨论，把局部曲面分为八种类型。曲面 $f(x, y, z) = 0$ 的第一类和第二类基本量可从 $f(x, y, z)$ 的一阶和二阶偏导数 $f_x, f_y, f_z, f_{xx}, f_{yy}, f_{zz}, f_{xy}, f_{xz}, f_{yz}$ 计算得到，于是该曲面上一点 $(x, y, z)^T$ 处的高斯曲率和平均曲率分别由下式给出：

$$K = -\frac{\begin{vmatrix} f_{xx} & f_{xy} & f_{xz} & f_x \\ f_{xy} & f_{yy} & f_{yz} & f_y \\ f_{xz} & f_{yz} & f_{zz} & f_z \\ f_x & f_y & f_z & 0 \end{vmatrix}}{(f_x^2 + f_y^2 + f_z^2)^2} \tag{4-14}$$

$$H = \frac{\begin{vmatrix} f_{xx} & f_{xy} & f_x \\ f_{xy} & f_{yy} & f_y \\ f_x & f_y & 0 \end{vmatrix} + \begin{vmatrix} f_{yy} & f_{yz} & f_y \\ f_{yz} & f_{zz} & f_z \\ f_y & f_z & 0 \end{vmatrix} + \begin{vmatrix} f_{zz} & f_{xz} & f_z \\ f_{xz} & f_{xx} & f_x \\ f_z & f_x & 0 \end{vmatrix}}{2(f_x^2 + f_y^2 + f_z^2)^{3/2}} \tag{4-15}$$

4.2.2 特征线自动化提取算法流程

地形曲率是表达地形曲面结构的主要参数之一，地形特征线中隐含着大量特征地形信息，几何特征表现为弯曲组合。特征线在点云上的主要特征有：线状特征；高程异常，点云数据的空间属性使特征线和特征线边缘存在一定程度的高程差异；坡度异常，高程点异常必将引起坡度较大改变。

基于极大曲率分割的点云数据特征线提取算法的主要思想是对滤波后的地面点云建立 k 邻域，搜索每个点的邻域，拟合出对应点平面，计算法向量并进行一致性调整。通过点与其法线确定的切平面进行主成分分析，得到主曲率，进而计算平均曲率。若平均曲率在阈值范围内，则是特征点。此时的特征点不仅仅包含特征线及特征线周围的点，还包含地面粗糙度大的点，因此对提取的点进行欧氏聚类分割，设定聚类距离和最小、最大聚类块点云个数，计算类与类之间的距离，距离最小的两类进行合并，然后重新计算类与类之间的距离，直到所有类之间的距离都小于预先设定的阈值。此时对特征线和特征线周围的点云数据进行粗糙度分析，得到更加精确的地形特征点。

基于极大曲率分割的点云数据地形特征线提取算法步骤如下：

（1）对整个点云中的每个点建立 k 邻域，k 值可根据点云的点密度来选择，并能保证拟合面的生成，同时通过邻域点用主成分分析方法计算出每个点的法向量和平均曲率，并进行一致性调整。

（2）地形特征线附近地形起伏不连续，因此根据离散曲率特征，曲率越大，越接近特征线，设定曲率阈值，得到地形特征点粗分割结果。

（3）由于实际地形并非理想的光滑状态，基于曲率极值的特征点探测对噪声很敏感，因此对提取的点进行欧氏聚类分割，设定聚类距离和最小、最大聚类块点云个数，计算类与类之间的距离，距离最小的两类进行合并，然后重新计算类与类之间的距离，直到所有类之间的距离都小于预先设定的阈值。

（4）机载 LiDAR 点云分布的不规则特征，以及地形曲面的非理想性光滑，导致此时得到的特征点不仅包含真正的特征点，也包含一些伪特征点。接着对特征线和特征线周围的点云数据进行粗糙度分析，得到更加精确的地形特征点。

（5）对地形特征点利用最小生成树进行跟踪和裁剪。由此得出的地形特征线既简化了 LiDAR 点云数据，又清晰地描述了地形结构。

基于极大曲率估计的地形特征线自动化提取算法流程如图 4-7 所示。

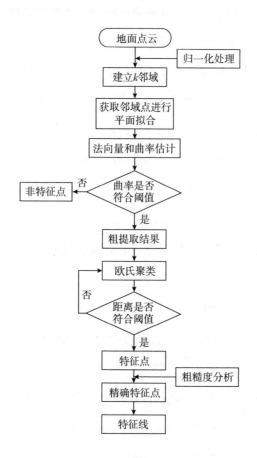

图 4-7　特征线自动提取流程

4.3 实验结果与分析

4.3.1 实验数据

本章实验使用的是甘肃省葫芦沟区域的部分 LiDAR 数据，由 Leica ALS70 系统于 2012 年获取，包含植被、断裂线，并且地形起伏比较大。滤波后平均点云密度是 1pts/m²。图 4-8（a）是地面点云数据，共 1405299 个点，是用 ENVI5.1 中的 LiDAR 模块显示的实验数据三维点云图，图 4-8（b）是特征线提取区域，已过滤少量植被点，共 466269 个点，图 4-8（c）是实验数据对应的影像图。

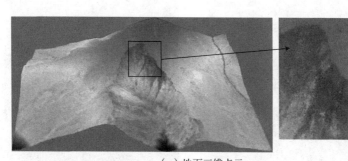

（a）地面三维点云

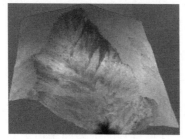

（b）实验点云

（c）实验影像

图 4-8 实验数据显示

4.3.2　特征点提取

滤波地物点后的机载 LiDAR 点云是地面点，地形特征线是属于地面点的一类特殊点，它不像建筑物、树木、车辆等形成明显的表面特征，其点云嵌入在地形特征中，并且地形特征线所在地形一般是山区，地形起伏比较大，地面点云不规则，如图 4-9（a）所示，滤波后的地面点会有少量植被，因此在进行地形特征线提取前应去除植被点，本章采用多次回波信息分析，选取末次回波信息得到地面点，如图 4-9（b）所示。从图 4-9 对比效果来看，沟壑内少量植被点已经通过多次回波信息分析被去除掉，为后续特征点提取提供精确数据源。

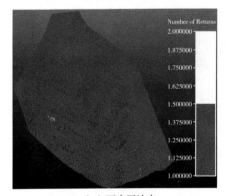 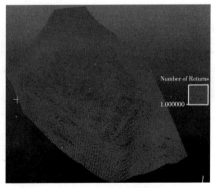

（a）两次回波点　　　　　　　　　　（b）末次回波点

图 4-9　回波信息分析

基于处理后点云数据，用极大曲率分割方法来提取地形特征线。在粗提取特征线过程中，选取 $k=11$ 个邻域点，计算得到的平均曲率值为 $0\sim0.143$，曲率阈值的选择由地形特征而定，必须保证搜索到的点尽可能多地刻画地形特征

线，且能最大化剔除非地形特征点。为了选取合适的曲率阈值，分别选取
0.018~0.143、0.022~0.143、0.026~0.143 的平均曲率值，提取结果如图 4-
10 所示。

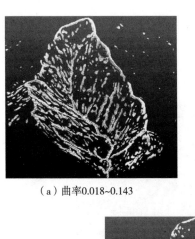

（a）曲率0.018~0.143

（b）曲率0.026~0.143

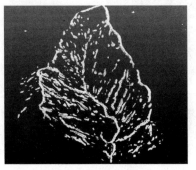

（c）曲率0.022~0.143

图 4-10　特征点粗提取

从粗提取结果来看，地形特征点基本上被识别，但是结果仍残留着或多或
少的非地形特征点，主要原因是地形表面不是那么的光滑。曲率阈值偏小，则
会出现许多非地形特征点的点云，增大后续提取难度，如图 4-10（a）所示，
而曲率阈值偏大，可能出现大量地形特征点被去除，如图 4-10（b）所示，因

此本实验选取曲率阈值为 0.022~0.143，这样可以尽可能多地保留地形特征线，而又能去除非地形特征点。

粗提取后点云个数为 54035 个点。鉴于山区点云特征的复杂性，对粗提取地形特征点进行分割处理，即设定聚类距离为 3 米，最小聚类块为 50 个点，最大聚类块为 40000 个点，所得结果如图 4-11 所示，点云个数为 31927 个点。

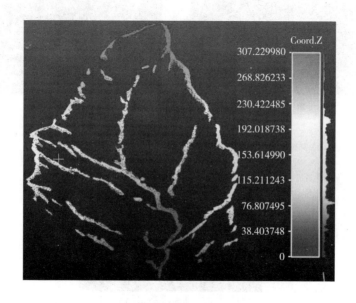

图 4-11　特征点分割结果

对粗提取得到的特征点进行分割处理后，地形不光滑所引起的特征点基本被去除掉，剩下的点基本是在地形特征线上的特征点。为了更加精细地得到地形特征点，用粗糙度分析方法进行特征点的简化。粗糙度分析结果如图 4-12 所示，点云个数为 10416 个点。图 4-12（a）显示了基于极大曲率提取的特征点三维显示图，图 4-12（b）为特征点与沟沿线共同显示图。对比图 4-11 的分割结果，可以发现此方法大大减少了特征点数量，并有效保持了特征线总体形态。

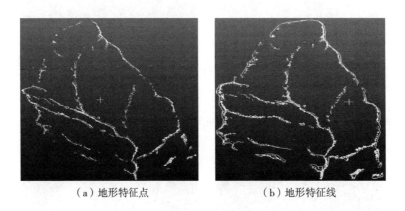

（a）地形特征点　　　　　　　　　（b）地形特征线

图 4-12　地形特征线提取

4.3.3　结果分析

为了评价本章地形特征点提取算法的准确性，将提取的特征点与所在地区对应的等高线图和地貌晕渲图进行叠加分析，图 4-13 显示了点云生成的等高线图、二维等高线与特征点叠加、三维等高线与特征点叠加，以及特征点、等高线与原始点云的叠加。从图中可以看出，不管是二维等高线图还是三维等高线图，本节所提取的地形特征点都能与等高线弯曲部分较好地重合，即与其高程变化相吻合。

图 4-14 显示了点云的地貌晕渲图以及特征点与其叠加图。从图中可以看出，地形特征点与地形晕渲图的边缘能较好地重合，符合地形地貌特征。以上实验表明，采用基于极大曲率分割的方法能从点云中自动提取比较完整并且准确的地形特征线。

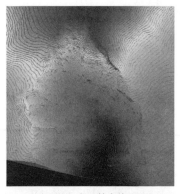

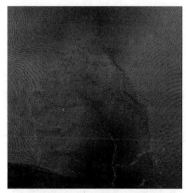

（a）点云等高线　　　　　　　　　（b）特征点与2D等高线叠加

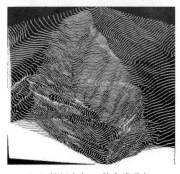

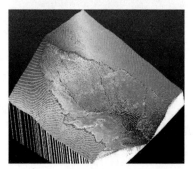

（c）特征点与3D等高线叠加　　　　（d）特征点、等高线与原始点云叠加

图4-13　特征点与等高线叠加

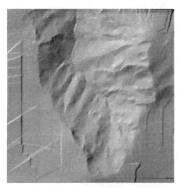

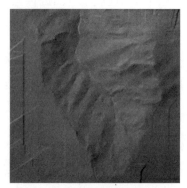

（a）晕渲图　　　　　　　　　　　（b）特征点与晕渲图叠加

图4-14　特征点与晕渲图叠加

综上所述，在选取合适的曲率阈值和粗糙度阈值的前提下，基于极大曲率分割的特征线提取算法虽然不可避免地包含错误提取的特征点，但所提取的特征线基本符合地形特征，保证了特征线信息的完整。

4.4 本章小结

地形特征线是地貌形态的骨架线，在土壤侵蚀模型建立、等高线自动综合、水文分析、制图综合、地形重建等方面有重要意义。相对于对城区建筑物、道路等规则明显地物的提取，由于地形特征线具有不规则、复杂等特点，因此其提取也面临一些难点。

本章归纳分析了地形特征线的空间特性，回顾了提取地形特征线的传统方法，包含基于等高线和基于规则格网的方法；讨论了基于机载 LiDAR 点云的方法，此方法又可分为基于处理后点云的方法和基于原始点云本身的方法；考虑到基于数字化等高线数据和数字地面模型提取地形特征线受内插误差影响，提出基于极大曲率进行地形特征线提取的方法，先对初始地面点云进行极大曲率估计，然后结合欧氏聚类方法进行地形特征点粗提取，再对粗提取特征点进行粗糙度分析，并利用最小生成树进行跟踪生成和裁剪，最后根据离散曲率的特征，即曲率越大越接近特征线，得到了可靠的地形特征点粗分割结果。基于极大曲率的特征线提取方法的优点是直接基于机载 LiDAR 点云数据进行处理，得出的地形特征点既简化了 LiDAR 点云数据，又清晰地描述了地形结构。

5 侵蚀沟点云分割方法研究

侵蚀沟参数的精确提取与计算可以提高区域 DEM 重建精度进而改善土壤侵蚀量估算精度。而侵蚀沟参数精确提取和计算的前提是从离散的、海量的点云数据中分割出侵蚀沟。相对于传统侵蚀沟监测方法，如实地测量法、立体摄影测量技术、高精度 GPS 监测、三维激光扫描技术以及光学遥感影像分析，本章采用机载 LiDAR 航空遥感技术对黄土丘陵沟壑区侵蚀沟进行分割及可视化研究，首先分析现有交互式点云分割方法的不足，其次提出基于表面特征差异的侵蚀沟点云分割方法，最后通过实验得到分割后侵蚀沟点云，进而进行侵蚀沟参数提取。侵蚀沟点云的自动化分割能够为土壤侵蚀研究和区域生态环境保护提供可靠的基础数据。

5.1 现有侵蚀沟分割方法

研究图像或者三角网模型的分割算法相对比较多，而直接将图像处理分割算法应用到离散化的、呈不规则分布的三维点云分割中有一定的困难。如果将三维空间点云转化为深度图像进行分割，会导致精度或者地形信息的损失，因此需要直接对点云数据实现分割，此方法同样适合侵蚀沟三维点云分割。

5.1.1 区域分割

点云分割是进行地物分类及识别的前提，属于点云数据后处理的一个关键过程，相关学者与专家对其进行了一系列研究与分析，现将点云数据区域分割相关结论总结如下[167]：

（1）分割后点云集合的总和与原始点云一致。

（2）分割后点云集合互不相交，即集合中任何一个点云属于且仅属于一个集合。

（3）分割后的点云集合中的任何点的几何性质是一样的。

（4）任何两个不相同的集合中的任何两个点的空间性质不同，并且空间不连续。

（5）分割后每片点云所有的点在空间上是连通的。

从点云数据区域分割的性质来看，不同分割块之间必定有容易识别的特征。因此，针对本章研究对象，考虑到地面几何的连续性特征，可以把不同曲面块之间的连接处分为三类边，分别是过渡边、尖锐边、跳跃边，如图5-1所示。对于过渡边来说，其两侧法平面相同，而曲率不连续，因此过渡边上的点成为曲率突变点；在尖锐边的两侧，区域不存在共同的法平面，尖锐边所包含的点称为法向量突变点；跳跃边是所谓的点云的边界点组成的边，孔洞附近或者对激光束有吸附作用的河流边也可能会出现跳跃边。对侵蚀沟进行点云分割，必须考虑和分析这三种边界，考虑到侵蚀沟边界的不规则特征，需根据这三种边界的微分几何性质进行分割。

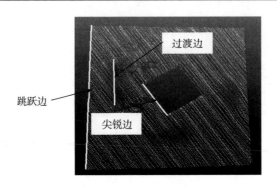

图 5-1　点云区域边界

5.1.2　交互式点云分割

基于点云本身的操作更符合地物地形特征。基于点云的分割操作主要有两大类：一类是交互式的分割操作。现有的软件大多提供交互式切割和删除功能，如 CloudCompare 开源软件。图 5-2 是通过此开源软件对部分建筑物点云进行的人机交互式分割，在屏幕上任意选定一个区域，那么区域外的点就可以删除掉，或者保留区域外的点云。此种方法对点云特征简单的地物来说，可能会有比较好的效果，但是对于地物复杂、地形起伏比较大的大部分点云会存在不易分割的问题。

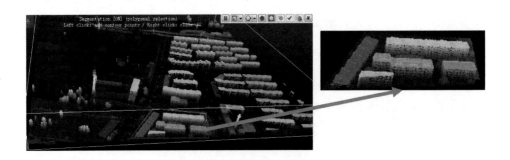

图 5-2　交互式点云分割操作

另一类是自动化点云分割。目前，散乱点云的自动化分割主要分为基于边缘的分割方法、基于区域的分割方法、基于聚类的分割方法和混合分割方法。总结目前现有自动化点云分割算法（见第 1 章综述部分），结合侵蚀沟点云处于纹理特征复杂的沟壑区域的特点，改进基于点云的边缘分割方法。由于曲率等微分信息对地形的不光滑性比较敏感[168]，因此本章利用法向量和曲率及两者之间的变化关系来进行侵蚀沟点云分割。

5.1.3 自动化点云分割

国外已有学者针对点云数据本身利用边界检测算子得到高梯度值[97]，基于最大曲率分割算法提出对象驱动方法进行兴趣点检测，算法适于深且宽的轮廓特征，对纹理特征复杂的沟壑地区效果不佳[98]。

5.1.3.1 TLS3L 拟合算法

本节采用 TLS3L（Total Least Squares on the Three Level Sets）方法估计微分信息。TLS3L 即通过三个水平集进行总体最小二乘拟合[169]，三个水平集包括输入数据和由输入数据生成的两个对称的水平集，方程的解通过应用补偿观测向量中的噪声和数据矩阵中的总体最小二乘算法计算得到。

当从离散三维点云数据中估计法向量、曲率等微分信息时，估计结果与其选用的估计方法、估计中所定义的邻域大小等有很大关系。从散乱、海量的点云中估计微分信息的步骤如图 5-3 所示。

通过 R^3 欧氏空间中一点 $p = (x, y, z)^T$ 的二次多项式可由下式给出：

$$f(p) = \sum_{i,\, j,\, k \geqslant 0,\, 0 \leqslant i+j+k \leqslant 2} a_{ijk} x^i y^j z^k = m^T a \tag{5-1}$$

其中，m 和 a 分别是 10×1 的单项式矢量和多项式矢量。可由 $f(p)$ 的零水平集 $S_0 = \{p: f(p) = 0\}$ 表示一张隐式曲面。

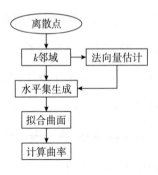

图5-3 微分信息估计步骤

当曲面 S_0 的方程未知时，令 Γ_0 是曲面 S_0 的测量点集，则可通过使下式方程的值最小求得 S_0：

$$E = \sum_{p \in \Gamma_0} d^2(p) \tag{5-2}$$

其中，$d(p)$ 是从点 p 到 S_0 的代数距离。设点集 Γ_0 中的点为 $\{p_i, i = 1, 2, \cdots, n\}$，这时，就可以把曲面拟合问题转化为约束最小化问题：

$$\min\{E\} = \min\{a^T M_{\Gamma_0}^T M_{\Gamma_0} a\} \tag{5-3}$$

$$\text{s. t. } a^T a = 1$$

其中，M_{Γ_0} 的第 i 行是在点 p_i 处的单项式矢量 m_i 的转置。Blane 等（2000）介绍了 3L 拟合算法具有高的拟合效率和质量[170]。在运用 3L 拟合算法时，除了初始点集 Γ_0，还需另外两个点集 Γ_{-c} 和 Γ_{+c}，原问题就变为线性回归问题：

$$Ma \approx b \tag{5-4}$$

其中，$M = \begin{bmatrix} M_{\Gamma_{-c}} \\ M_{\Gamma_0} \\ M_{\Gamma_{+c}} \end{bmatrix}$、$b = \begin{bmatrix} +c \\ 0 \\ -c \end{bmatrix}$ 分别为数据矩阵和观测矩阵，$M_{\Gamma_{-c}}$、M_{Γ_0} 和

$M_{\Gamma_{+c}}$ 是由单项式矢量组成的矩阵，该线性回归问题的最小二乘解为：

$$a_{LS} = (M^T M)^{-1} M^T b \tag{5-5}$$

实际中，系数矩阵和观测向量均存在扰动，而一般最小二乘没有考虑系数矩阵的扰动，这是不严密的，会导致 a_{LS} 偏离问题（5-4）的最优解。为了同时考虑系数矩阵和观测向量中的噪声，采用总体最小二乘法进行拟合分析[171]。总体最小二乘法令 $(M+E)a = b+e$ 来补偿观测向量 b 和系数矩阵 M 中的噪声，即

$$(A+B)x = 0 \tag{5-6}$$

其中，$A = [M, -b]$ 是增广矩阵，$B = [E, -e]$ 为扰动矩阵，$x = [a^T, 1]^T$ 是 11×1 矢量。于是，TLS3L 拟合就是要解决约束优化问题：

$$\min_{B,a} \| B \|_F^2 \tag{5-7}$$

$$\text{s. t. } (M+E)a = b+e$$

如果 $\alpha = 0$，式（5-7）将无解。如果 $\alpha \neq 0$，多项式系数向量 $a = \frac{1}{\alpha} y^T$，此时将求出唯一的最小范数解 a_{TLS}。设：

$$V = (v_k, \cdots, v_{11}) = \begin{bmatrix} \overline{V} \\ \overline{v}_{11} \end{bmatrix} \tag{5-8}$$

其中，$\overline{v}_{11}$ 是 V 的最后一行，则：

$$a_{TLS} = \frac{\overline{V} \overline{v}_{11}^T}{\overline{v}_{11} \overline{v}_{11}^T} = \alpha^{-2} \overline{V} \overline{v}_{11}^T \tag{5-9}$$

其中，$\alpha^2 = \sum_{i=k}^{11} \overline{v}_{11}^2(i)$，$\overline{v}_{11}(i)$ 是 v_i 的最后一个元素。采用以下步骤进行 a_{TLS} 的计算：

（1）计算增广矩阵 A 的奇异值 λ_i 和相应的右奇异向量 v_i，$i = 1, 2, \cdots, 11$。

（2）定义序号 k 使得 $\lambda_{k-1} > \lambda_{11} + \varepsilon \geq \lambda_k \geq \cdots \geq \lambda_{11}$。

（3）根据式（5-10）计算矩阵 V，并令 $\alpha = \bar{v}_{11} \bar{v}_{11}^T$。

（4）如果 $\alpha \neq 0$，由式（5-11）计算 a_{TLS}；如果 $\alpha = 0$，在当前的 k 值下 TLS3L 拟合问题无解，令 $k=k-1$，回到步骤（3）重新计算，直到获得 a_{TLS} 的一个解。

5.1.3.2　基于微分信息的边界分割

由 5.1.1 节可知，曲面之间的边界可以分成三类：尖锐边、过渡边和跳跃边。设输入数据点 p 及 k 邻域的点集为 $P = \{p_i,\ i=1,\ 2,\ \cdots,\ k\}$，其中 $p_i \in R^3$，则点 p 处的法向量变化的均值和方差分别为：

$$\mu_n = \frac{1}{k} \sum_{i=1}^{k} \arccos |n(p_i) \cdot n(p)| \qquad (5\text{-}10)$$

$$\sigma_n = \sqrt{\frac{1}{k-1}\left[\arccos |n(p_i) \cdot n(p)| - \mu_n\right]^2} \qquad (5\text{-}11)$$

然后根据给定的微分信息阈值判断是否为边界点，最后根据边界点将点云分割成不同的区域。图 5-4 显示了基于法向量的点云分割。从图 5-4 分割效果来看，基于法向量点云分割对边界尖锐点效果比较好。接下来，考虑到曲率曲面的性质，从平均曲率和高斯曲率出发进行点云分割。

（a）原始点云

图 5-4　基于法向量点云分割

（b）边界点

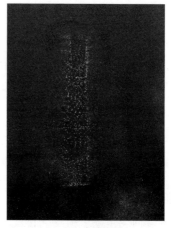
（c）分割结果

图5-4 基于法向量点云分割（续）

如图5-5所示，高斯曲率和平均曲率对分割噪声比较敏感，验证了曲率是一个二阶微分量，微分性质决定了其对噪声的敏感性，同时也说明曲率的单一出现在地形分析或者地物提取中具有一定的局限性[172]。因此，本章引入法向量和曲率及两者变化关系进行侵蚀沟点云分割。

（a）原始点云

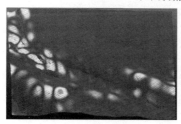
（b）高斯曲率效果

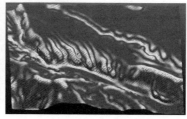
（c）平均曲率效果

图5-5 基于曲率点云分割

5.2 基于表面特征差异侵蚀沟点云分割

机载 LiDAR 能够获取精度高且丰富的地表数据资源，为地表特征表达提供了一种很好的方法。但是，海量的点云数据、空间范围大和自然地物的复杂性严重制约着机载 LiDAR 点云数据后处理的发展。相对于一些明显的地表特征，如建筑物、树木、道路、桥梁等，侵蚀沟嵌入在地表中，很难形成明显的表面特征，并且它们的变化范围、形成过程和外观不规则性更是增加了检测的难度[173]。

本章基于法向量和曲率及两者变化关系来进行侵蚀沟点云分割，从仅考虑点云法向量和曲率单因素微分信息延伸到了点云的多尺度分析，即根据局部曲面内的变化关系分析曲面特征，通过邻域尺寸的变化得到更多信息的同时，也可以大大降低噪声对结果的影响，进而提高特征识别和地物提取精度。因此，本章提出了一种基于机载 LiDAR 点云的不同尺度下的表面特征差异（Surface Characteristic Difference，SCD）侵蚀沟点云分割方法。

5.2.1 侵蚀沟点云特征

土壤侵蚀研究中的一个重要类型是侵蚀沟，其侵蚀量占整个土壤侵蚀量的很大一部分，并且空间规模大、速度快，在水土流失研究中的地位至关重要。对沟壑侵蚀如不及时治理，后果将十分严重，因此迫切需要通过对沟蚀的定量化研究，构建侵蚀沟的土壤侵蚀模型，为分析土壤侵蚀动态、预报土壤侵蚀及其治理提供科学依据。

侵蚀沟的地形地貌形态是空间规模大、侵蚀沟大小不一，从横剖面来看，呈现"V"字形，从纵剖面来看，其与坡度、坡面基本上一致，沟沿线不规则。从发展方式上看，侵蚀沟经历了沟头侵蚀、沟坡度侵蚀、下切侵蚀，侵蚀沟的动态变化造就了它的不规则性。三维形态由侵蚀沟两边的沟沿线及对应沟底线来刻画，其三维模型能较好地反映其形态的动态变化。由于沟壁陡峭、沟谷深壑，因此侵蚀沟在水力、重力的双动力混合作用下，往往具有随机性特征。

总结来看，侵蚀沟的点云特征主要表现在以下几个方面：①从侵蚀沟形态来看，其沟沿线点云表现出不规则、不对称的特征，沟壁点云密度分布不均匀，增加了侵蚀沟点云提取的难度，沟沿线和沟底点云高程差别明显。②从与其他地物差别来看，如与建筑物、树木、道路、桥梁等地物表现出的点云特征进行比较，侵蚀沟点云嵌入在地形特征中，很难形成明显的表面特征，并且侵蚀沟一般发生在山区，地形起伏比较大，地物特征不规则。③侵蚀沟的动态变化更是增大了检测分割的难度。

5.2.2   特征差异分割方法

特征差异分割方法的思想是：基于侵蚀沟处于地表发生突变的地方，选取不同半径，得到不同表面特征参数，设定一定阈值分割得到侵蚀沟点云。曲面局部特征可以通过曲面的多元微分几何信息来反映，比如法向量，除此之外还包括曲率（主曲率、平均曲率、高斯曲率等）和曲面变化度，它们共同反映了曲面局部特征，具体来看，法向量反映的是曲面的变化趋势，各种曲率反映的是曲面的弯曲程度。点云的曲率是根据局部点构成的曲面来描述的。本章将法向量和曲率作为点云的表面特征参数。

5.2.2.1   法向量与曲率估计

法向量反映了曲面在某点处的几何特征，原始的散乱点云本身没有法向量，点云数据的法向量主要通过点的邻域来确定。因此，点的法向量近似为邻域表面的切平面法向量估计问题，对于点云中的每个点 $p_i = (x_i, y_i, z_i)^T$，获取固定距离的最相近的 k 个相邻点，每个点 p_i 的协方差矩阵可以表示为：

$$C = \frac{1}{k} \sum_{i=1}^{k} (p_i - \bar{p}) \cdot (p_i - \bar{p})^T, \ C \cdot \hat{v}_j = \lambda_j \cdot \hat{v}_j, \ j \epsilon \{0, 1, 2\} \qquad (5\text{-}12)$$

其中，k 代表点 p_i 邻域中所有点的个数，$\bar{p}$ 表示邻域中所有点的质心，λ_j 是协方差矩阵的第 j 个特征值，$\hat{v}_j$ 是第 j 个特征向量。

用数学方法计算出的法向量解决不了它的符号问题，因此得到的法向量的方向是任意的。为了解决这个问题，我们需要进行法向量一致性调整，选取视点 v_p，使其满足方程：

$$\vec{n}_i \cdot (v_p - p_i) > 0 \qquad (5\text{-}13)$$

对法向量调整后的量分别向正方向和反方向进行平移，由此获得输入数据的两个近似水平集。接着采用 TLS3L 算法在每个输入点处拟合一张一般二次曲面片。点云的表面曲率由式（5-14）得到：

$$\sigma = \frac{\lambda_0}{\lambda_0 + \lambda_1 + \lambda_2} \qquad (5\text{-}14)$$

5.2.2.2 特征差异原理

特征差异处理为无序、大量三维点云数据的处理提供了一种高效率、多尺度的方法，以点集 P 中的每个点 p_i 为圆心，选取两个不同的半径 r_1、r_2（$r_1 > r_2$），由上述方法会分别得到两个不同的法向量 $n_1(p_i, r_1)$、$n_2(p_i, r_2)$ 和曲率值。表面特征差异定义为式（5-15），如图 5-6 所示。

$$\Delta n(p_i, r_1, r_2) = \frac{n_2(p_i, r_2) - n_1(p_i, r_1)}{2} \qquad (5\text{-}15)$$

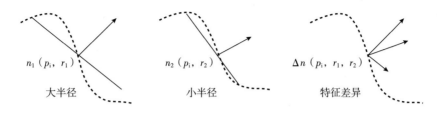

$n_1 (p_i, r_1)$ $n_2 (p_i, r_2)$ $\Delta n (p_i, r_1, r_2)$

大半径   小半径   特征差异

图 5-6 半径不同产生的特征差异

5.2.2.3 基于特征差异的侵蚀沟点云提取

基于特征差异的侵蚀沟分割方法的主要工作是特征差异的估算。本节邻域点的确定采用固定距离法，其中距离的选择可以根据点云分辨率（点间距的大小）来灵活确定，一般情况下，邻域点数量设定在 $10\sim20$ 个比较好。

基于特征差异的侵蚀沟点云提取具体的算法如下：

（1）对整个点云中的每个点选取半径 r_1 得到邻域点，对邻域点采用主成分分析法拟合得到每个点的法向量，并对法向量进行一致性调整，采用 TLS3L 方法估计得到曲率值。

（2）对对应点选取半径 r_2 得到邻域点，对邻域点采用主成分分析法拟合得到每个点的法向量，并对法向量进行一致性调整，采用 TLS3L 方法估计得到曲率值。

（3）对点集中其他点重复步骤（1）和步骤（2），直至搜索完成所有点。根据法向量和曲率的不同，计算每个点的特征差异值。

（4）根据侵蚀沟的点云特征，设定误差阈值，提取差异特征大的值。

（5）基于距离聚类的方法，剔除小块特征差异大的点，进而得到侵蚀沟点云。

侵蚀沟点云分割算法流程如图 5-7 所示。

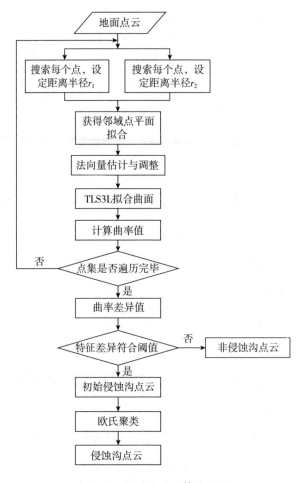

图 5-7　侵蚀沟分割算法流程

5.3　实验及结果分析

5.3.1　实验一

为了测试本章算法的可行性，在 VC++环境下实现了该算法。实验数据为甘肃省嘉峪关市某区域，机载 LiDAR 点云数据是由 Rigel 780 系统于 2015 年获取。选取区域共 358977 个点中的一部分，经过第 3 章介绍的改进的 k 邻域点云去噪算法处理和基于双重距离的聚类滤波算法滤波后地面点数为 11038 个点，点云平均密度为 14pts/m²，实验点云地形有一定的起伏，地形表面不光滑，侵蚀沟形状相对规则，点云数据的三维显示如图 5-8 所示。

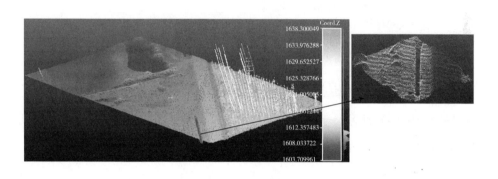

图 5-8 点云三维显示

本章根据固定距离法选择邻域点，点云密度为 14pts/m²，点云密度比较高，半径分别取 1 米、2 米选择邻域点。实验过程如下所述：

（1）对地面点云进行归一化处理，目的是提高计算效率和实验结果精度。

（2）对每一点云取邻域半径分别为 1 米、2 米，计算法向量进行一致性调整，采用 TLS3L 方法估计得到每个点云的曲率值，通过特征差异计算得到特征差异值，设定误差阈值为 0.02，得到初始分割后结果，如图 5-9（a）所示。

（3）设定聚类距离为 2 米，得到精细分割结果，侵蚀沟点云分割结果如图 5-9（b）所示。

（a）分割后点云　　　　　　　　（b）侵蚀沟点云

图 5-9　侵蚀沟点云分割过程

对图 5-8 截取的原始点云进行极大曲率特征点提取（见第 4 章），提取结果如图 5-10（a）所示，于是特征点与图 5-9 分割得到的侵蚀沟点云合并得到完整沟壑点云，如图 5-10（b）所示。

（a）特征点　　　　　　　　　（b）特征点与分割点云叠加

图 5-10　完整沟壑点云

从视觉上来看，本节提取的侵蚀沟点云与原始点云形态相似，符合沟的形态特征，如图 5-10 所示。将原始三维点云和分割得到的沟壑点云叠加，如图 5-11（a）所示，可以看出分割点云完全落在原始三维点云的沟壑位置上，符合沟壑点云特征。对原始点云建立 DEM，将侵蚀沟三维点云与 DEM 叠加，如图 5-11（b）所示，可以看出侵蚀沟沟沿线与 DEM 的高程变化相吻合。以上实验表明，采用特征差异方法能从点云中准确分割出比较完整的侵蚀沟点云信息。

（a）三维点云与分割点云叠加　　　　（b）DEM与分割点云叠加

图 5-11　点云分割结果验证

5.3.2　实验二

为了从不同侵蚀沟形状测试本节算法的可行性，本实验数据选取自甘肃省嘉峪关市某区域，机载 LiDAR 点云数据由 Rigel780 系统于 2015 年获取。选取区域共 1959273 个点，经过第 3 章介绍的改进的 k 邻域点云去噪算法处理（去掉 3051 个点）和基于双重距离的聚类滤波算法滤波后地面点数为 1940357 个点，点云平均密度为 8pts/m^2，点云数据的三维显示如图 5-12 所示。从图中可以看出，原始实验数据地形特征复杂，存在许多离散噪声点，地物主要是电力线、建筑物、稀疏植被等，经过去除噪声和滤波处理，电力线、建筑物和稀疏植被等地物全部被去除，并且地形特征保持完整。

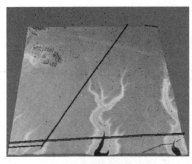

（a）原始三维点云　　　　　　　　（b）去噪和滤波后点云

图 5-12　实验数据的三维点云显示

本节主要针对侵蚀沟进行点云分割，因此在实验数据的基础上截取有沟壑部分的点云。从上述点云数据中截取了 276461 个点数，所截取点云的平均密度为 $6\text{pts}/\text{m}^2$，其点云三维显示和对应的影像如图 5-13 所示。

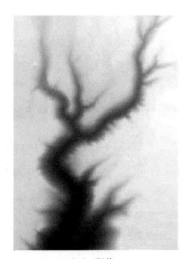

（a）沟壑点云　　　　　　　　　（b）影像

图 5-13　沟壑实验数据

从图 5-13 中可以看出，本实验数据选取的侵蚀沟特征很不规则，沟沿线和沟底线都是不规则曲线，沟的侧壁高程不一致。采用本书介绍的侵蚀沟点云的特征差异分割方法，根据固定距离法选择邻域点，由于实验数据点云密度为 $6pts/m^2$，考虑到实验侵蚀沟点云数据的不规则性特征，为了选取合适的距离半径，对半径取 1.5~4 米进行实验。误差阈值统一设定为 0.02 米，根据不同的半径，侵蚀沟初始分割结果如图 5-14 所示。

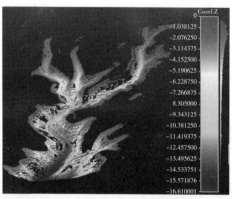

（a）r_1=4米，r_2=1.5米

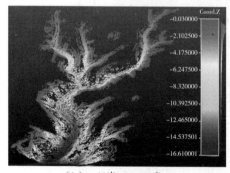

（b）r_1=3米，r_2=1.5米

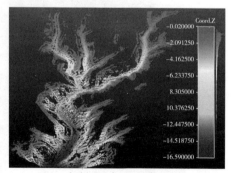

（c）r_1=5米，r_2=2米

图 5-14　不同半径分割结果

从图 5-14 中可以明显发现，用三类不同的半径进行初始侵蚀沟分割后的

结果差别较大，基本上侵蚀沟的大致形态能被识别，但是从图 5-14（b）结果可以看到整体点云比较离散，尤其是边界部分，从图 5-14（c）结果可以看到分割的点云没有图 5-14（b）那么离散，但是在侵蚀沟沟壁两侧点云缺失比较严重，而从图 5-14（a）整体来看，结果优于其他两种分割结果，初始分割的侵蚀沟点云边界比较整齐，点云密集度高。考虑到三类所用半径大小，可以得出半径差距不能太小，如图 5-14（b）所示，太小的话容易出现离散点，半径差距也不能太大，如图 5-14（c）所示，太大容易过滤掉一些沟壑点。因此，通过以上实验可知，本实验数据适合选取 $r_1 = 4$ 米，$r_2 = 1.5$ 米进行侵蚀沟点云初始分割处理。

根据初始分割结果，考虑到地形的复杂性和侵蚀沟点云的连续性，有必要根据欧氏距离聚类分析剔除小块其他非侵蚀沟点云，设定聚类距离为 1 米，得到侵蚀沟点云，如图 5-15 所示。

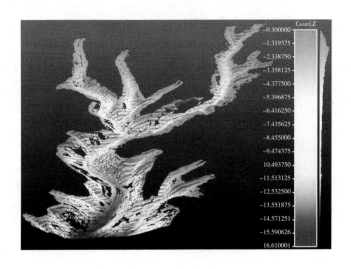

图 5-15　侵蚀沟分割

根据基于差异特征所得到的侵蚀沟分割点数为103191个点,从图5-14
(a)和图5-15对比可以看出,明显不属于侵蚀沟点云的点已经被剔除,剩
下的侵蚀沟点云不仅形态上完整保留了侵蚀沟特征,而且点云边界特征
明显。

接着对图5-14(a)所显示的原始点云数据进行极大曲率特征点提取(见
第4章),提取结果如图5-16(a)所示,于是将特征点与图5-15分割得到的
侵蚀沟点云合并,如图5-16(b)所示。从图上显示来看,基于极大曲率估计
提取的沟底点具有一定的连续性,整体上具有完整性,分割后得到的侵蚀沟点
云和沟底点点云符合度良好,符合侵蚀沟的形态特征。

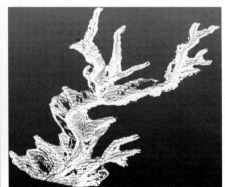

(a)沟底线　　　　　　　　(b)沟底线和侵蚀沟点云叠加

图5-16　特征点与分割结果叠加

为了评价本节提取地形特征点方法的效果,将对应地区生成的地貌晕渲图
和本书提取的地形特征点进行叠加分析,图5-17(a)显示了点云的地貌晕渲
图,图5-17(b)显示了点云的地貌晕渲图与特征点叠加。从图中可以看
出,侵蚀沟沟底线特征点与地形晕渲图的底部能较好地重合,符合地形地貌特
征。以上实验表明,不管是三维等点云图还是二维地貌晕渲图,基于极大曲率

提取的地形特征点能与地形弯曲部分较好地重合，即与其高程变化相吻合。

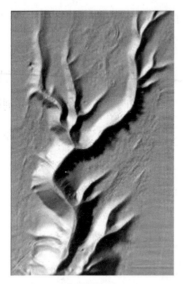 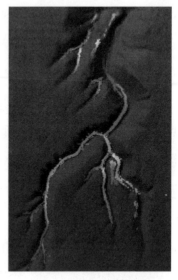

（a）晕渲图　　　　　　　　　（b）晕渲图与特征点叠加

图 5-17　特征点验证

　　为了验证侵蚀沟点云分割效果，如图 5-16 所示，从视觉上来看，本节提取的侵蚀沟点云与原始点云形态相似，符合沟的形态特征。将原始三维点云和分割得到的沟壑点云叠加，如图 5-18（a）所示，可以看出分割点云完全落在原始三维点云的沟壑位置上，符合沟壑点云特征。对原始点云建立DEM，将侵蚀沟三维点云与 DEM 叠加，如图 5-18（b）所示，可以看出侵蚀沟沟沿线与 DEM 的高程变化相吻合。通过以上实验分析可知，采用特征差异方法可以从三维点云数据中直接准确分割出比较完整的侵蚀沟点云信息。

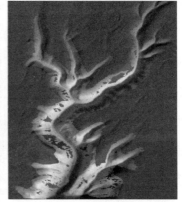

（a）点云叠加　　　　　　　　　（b）DEM 与点云叠加

图 5-18　点云分割结果验证

5.3.3　侵蚀沟参数提取

沟蚀所形成的沟壑称为侵蚀沟。根据沟壑发展程度以及形态特点，可以把沟壑侵蚀分为浅沟侵蚀、切沟侵蚀和冲沟侵蚀等不同类型。侵蚀沟参数包括沟长、平均沟宽、最大沟宽、平均沟深、最大沟深、沟沿线长、沟谷面积和沟体积。侵蚀沟参数的精确提取与计算可以提高建立区域 DEM 精度进而改进土壤侵蚀量估算精度。

侵蚀沟参数提取方法根据原理分为三类：一是基于航片判读生成 DEM，提取侵蚀沟参数。DEM 生成流程为采集数据、输入影像、内定向、空中三角测量、自动地形采集、交互地形编辑、特征线提取和 DEM 结果输出。以基于航片建立的 DEM 为数据源，进行水文分析，提取小流域的分水岭作为流域边界，得到小流域的基于航片 DEM 的沟壑分布图和各条侵蚀沟的汇水面积图，进而根据极值分析量测沟长和计算沟谷面积。二是直接采用遥感图像解译方法对侵蚀沟参数进行提取。以几何纠正后的航片为数据源，以相关软件为操作平台，对航片进行判读并数字化，可以得到沟长、沟壑密度、沟谷面积等侵蚀沟参数。三是数字化地形图。和航片生成 DEM 不同的是，此类方法是通过数字化地形图生成 DEM。

何福红（2006）通过三种方法对侵蚀沟参数进行提取比较[4]，基于沟壑密度评价因子，结果表明应用航片判读进行侵蚀沟参数提取是效果相对较好的方法。而不管哪种方法，在生成 DEM 的过程中均会损失提取精度。因此，为了得到精度更高的侵蚀沟参数，本书基于点云数据分割得到的侵蚀沟点云进行侵蚀沟参数提取。

本章基于机载 LiDAR 遥感技术进行侵蚀沟点云数据分割，将分割得到的侵蚀沟点云数据进行侵蚀沟参数的直接计算。为了更全面地体现侵蚀沟形态特征以及进行侵蚀沟流失量估算，我们对实验一分割得到的侵蚀沟点云数据进行横断面分析，间距设为 3 米，得到侵蚀沟点云的横断面图，如图 5-19 所示，并对其进行宽度量测，选取处宽度约为 1.9 米。接着对其进行长度和高度量

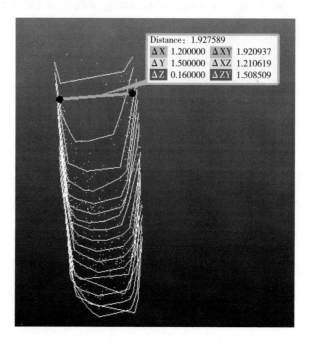

图 5-19　横断面分析

测，如图 5-20 所示，侵蚀沟长度约为 33 米，高度约为 2.76 米。侵蚀沟参数数据定量获取，为以后侵蚀沟定量化评价和水土流失侵蚀量计算提供了一种新的方法。

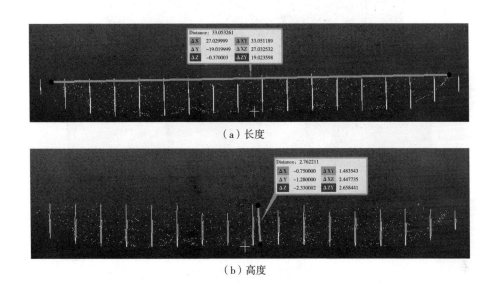

图 5-20　侵蚀沟参数提取

对实验二分割得到的部分侵蚀沟点云数据进行横断面分析，间距设为 10 米，得到侵蚀沟点云的部分横断面图，如图 5-21 所示，并对其进行沟底线量测，沟底线总长度为 335 米。图 5-22 显示了侵蚀沟点云的深度，选取不同地方，深度不同，图中选取的深度分别为 11.6 米、6.2 米、4.3 米。侵蚀沟参数数据定量获取，为以后侵蚀沟定量化评价和水土流失侵蚀量计算提供了一种新的方法。

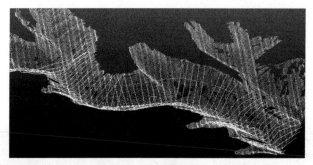

（a）点云横断面

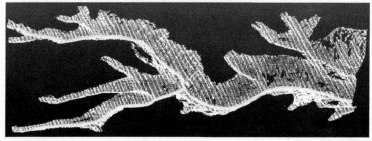

（b）沟底线

图 5-21　侵蚀沟参数提取

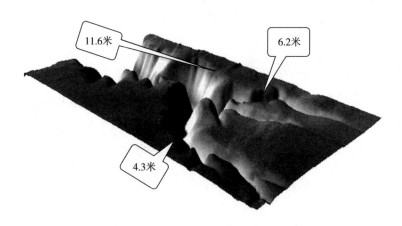

图 5-22　侵蚀沟深度分析

5.4　本章小结

侵蚀沟点云的精确分割以及特征参数提取可以提高建立区域 DEM 的精度，进而提高土壤侵蚀量估算精度。本章首先总结了传统侵蚀沟提取方法，归纳了侵蚀沟分割的难点，基于现有点云分割的现状，提出一种基于表面特征差异的侵蚀沟点云分割方法。其次，在对地面点云进行归一化处理的基础上，根据不同固定距离选取不同邻域点，进而得到表面特征差异，设定一定阈值分割得到侵蚀沟点云。通过邻域尺寸的变化得到更多曲面信息，克服了已有算法应用微分几何单个参数造成的噪声敏感性以及地物提取的局限性问题。实验结果表明：

（1）本章方法充分考虑到了侵蚀沟数据是嵌入到地形中的一类数据，通过对两类侵蚀沟形态进行实验分析，分割的侵蚀沟点云能合理表达真实形态。

（2）为了克服应用微分几何参数单一尺度获取表面特征的不稳定性，采用多尺度空间计算表面特征差异，大大提高了从散乱点云中提取侵蚀沟点云的准确性。

（3）不需要对侵蚀沟的形状进行任何规则约束，TLS3L 拟合算法改进了原先的曲率估计方法，为进一步的特征差异计算打下基础。

（4）分割的侵蚀沟点云是独立的，而且完整保留了侵蚀沟形态特征，利于下一步分析。

（5）相对于基于 DEM 的侵蚀沟参数提取方法，基于侵蚀沟点云分割结果提取的侵蚀沟参数更加准确，为后续侵蚀沟定量化评价和水土流失量估算提供了一种思路。

6 黄土高原区土壤侵蚀量估算及应用研究

土壤侵蚀不仅威胁中国的生态环境和食品安全，而且成为危及人类社会生存与发展的生态环境问题之一，据统计，土壤侵蚀造成的土地耕地面积损失高达 270 平方千米[174]。因此，进行土壤侵蚀量的估算及预报研究迫在眉睫。

由于个别冲沟太小，通过大部分可利用的已有的 DEM 很难定量得到土壤侵蚀量，而机载 LiDAR 技术有提供所需数据密度的潜力，也能提供所需光谱特征的影像，并可以长时间监测土壤侵蚀的变化，因此本章以黄土高原区山西省朔州市为研究对象，基于地形特征线约束建立高精度 DEM 模型，进行土壤侵蚀量估算及预测模型研究，以期为土壤侵蚀研究和区域生态环境保护提供可靠的基础数据。

6.1 数据准备

6.1.1 DEM 组织模型

利用去噪滤波后的机载 LiDAR 点云数据进行 DEM 模型重构，根据组织方式的不同，可以分为基于等高线、基于规则格网、基于不规则格网三种重建方法。规则格网是目前 DEM 内插的通用模型之一，其采用矩阵存储，格网的高程值由矩阵里的元素计算得到，由于其规则性，此模型存在地形细节和结构描述不全面、地形特征线（山脊线、山谷线等）不能很好表达的缺点。基于等高线的 DEM 重建方法是通过连接高程值相同的点，组成一条条的曲线，此曲线的集合构成了 DEM 模型。该模型缺乏内插任意点高程的能力，拓扑关系不强。

不规则三角网 DEM 模型重建是对每个点合适邻域内搜索距离最近的点，然后构成 Delaunay 三角网，进而计算曲面。鉴于本章机载 LiDAR 原始采样数据点云密度高、所处地形特征复杂，选用不规则三角网进行 DEM 表面重建。

高精度 DEM 的建立可以改善侵蚀沟流失量估算精度。对于黄土高原地区点云数据来说，侵蚀沟点云本身造成的侧面点云缺失和滤波后点云孔洞，直接影响高精度 DEM 的建立，因此本章首先基于分割得到的侵蚀沟点云进行孔洞修复。

6.1.2 孔洞修复

根据第 2 章分析的侵蚀沟点云特征可知，侵蚀沟沟壁点云密度分布不均匀，并且存在点云缺失，加上点云数据滤波后会在地面产生部分孔洞现象，而孔洞的存在会影响 DEM 表面重建的完整性以及 DEM 的精度，因此有必要对点云孔洞进行修复，以期得到完整、准确的三维模型，为后续侵蚀沟流失量的估算打下基础。

本章采用基于偏微分方程的点云孔洞修补算法[175]，首先对提取的孔洞边界线进行参数处理形成新的边界曲线，其次根据求得的边界曲线构造偏微分方程，最后求解偏微分方程系数，实现对点云的孔洞填充。对第 5 章实验二分割得到的侵蚀沟点云数据进行孔洞修复实验分析，图 6-1（a）是存在孔洞的点云数据，共有 103191 个点，图 6-1（b）是提取的孔洞边界线显示图，图 6-1（c）是运用偏微分方程方法实现的孔洞修复后的点云效果图，有 113683 个点，共添加了 10492 个点。

（a）三维点云　　　　　　（b）孔洞边界线　　　　　（c）修复后点云

图 6-1　侵蚀沟点云孔洞修复过程

从图 6-1 显示的效果来看，运用偏微分方程方法实现的孔洞填充点云分布均匀，修复效果较好，填充的孔洞点区域与原有边界光滑连接，并与原始点云较好地融合在一起。

6.2 DEM 重建方法

根据点云数据和重建三维表面模型的关系可将曲面重建方法分为两大类，即插值法和逼近法。采用插值法得到的重建曲面完全通过原始点云，而采用逼近法得到的重建曲面是原始点云的一个逼近。根据曲面重建的不同表现形式又可将其分为隐式曲面重建、细分曲面重建、参数曲面重建和分片线性曲面重建。

6.2.1 常用 DEM 内插方法

一般 DEM 内插方法主要有克里金插值方法、最小曲率插值方法、最邻近点插值方法和反距离加权插值方法。一个好的插值方法不仅要保证精度，更重要的是要精确刻画地形地貌变化趋势，使内插结果更加符合地形地貌特征。

6.2.1.1 克里金插值方法

工程师 Kriging D. G. 最早提出和研究了克里金插值方法。假设 $Z(x, y)$ 为随机过程函数，$Z(x_i, y_i)$ 为其离散值，$Z(x_p, y_p)$ 为点 (x_p, y_p) 处的高程：

$$Z(x_p, y_p) = \sum_{i=1}^{n} \beta_i Z(x_i, y_i) \tag{6-1}$$

其中，β_i 为 Kriging 权，Kriging 权满足条件 $\sum_{i=1}^{n} \beta_i = 1$，在离散点方差准则下：

$$Var\left[Z(x_i, y_i) - \sum_{i=1}^{n} \beta_i Z(x_i, y_i) \right] = \min \tag{6-2}$$

求得最终的内插点高程 $Z(x_p,\ y_p)$ 的解为：

$$Z(x_p,\ y_p)=M+\begin{bmatrix} \sigma_{p1},\ \sigma_{p2},\ \cdots,\ \sigma_{pn}\end{bmatrix}\begin{bmatrix} \sigma_{11} & \sigma_{12} & \cdots & \sigma_{1n} \\ \sigma_{21} & \sigma_{22} & \cdots & \sigma_{1n} \\ \vdots & \vdots & \ddots & \vdots \\ \sigma_{n1} & \sigma_{n2} & \cdots & \sigma_{nn} \end{bmatrix}\begin{bmatrix} Z(x_1,\ y_1)-M \\ Z(x_2,\ y_2)-M \\ \vdots \\ Z(x_n,\ y_n)-M \end{bmatrix}$$

$$(6-3)$$

式中，M 为高程值 $Z(x_p,\ y_p)$ 的权中数。

克里金插值方法中的权值依据是距离，邻近点到待内插点的距离越近，权值越大，距离越远权值就越小，目的是降低由于点云分布不规则或离散而造成的误差。

6.2.1.2 最小曲率插值方法

最小曲率插值方法是要生成一个既通过每一个点云数据而又具有最小弯曲量的插值面，插值基准曲面的弯曲度最小（即有最小曲率），并且到各样点的 Z 值的距离最小。使用此方法需要设计两个参数，一个是最大循环次数，另一个是最大残差参数。总的来说，最小曲率能够确保在充分利用每个数据的同时，尽可能生成圆滑的曲面。

6.2.1.3 最邻近点插值方法

荷兰气象学家 A. H. Thiessen 最早提出最邻近点插值方法。其基本原理是用点云最邻近的点的数值来代替待插值点的值，原理比较简单，但适合条件是点云保持均匀，并且待插值点不是特别多，有一定的规律性，不然此方法精度不高。

6.2.1.4 反距离加权插值方法

反距离加权插值方法即设待内插点为 $p(x_p,\ y_p,\ z_p)$，P 点邻域范围内已知的所有散乱点云集合为 $\{Q_i(x, y, z) \in N, i = 1, 2, \cdots, n\}$，计算待插点邻域内所有点高程的加权平均数，得到待插点的高程值，权值一般定为距离 $k(0 \leqslant k \leqslant 2)$ 次方的倒数。公式如下：

$$Z_p = \frac{\sum_{i=1}^{n} \dfrac{Z_i}{d_i^2}}{\sum_{i=1}^{n} \dfrac{1}{d_i^2}} \tag{6-4}$$

式中，$d_i(x, y) = \sqrt{(x-x_i)^2+(y-y_i)^2}$，表示第 i 个邻近点与待插点的距离。

考虑到本书研究对象的地形地貌特征，侵蚀沟的边界线以及山区包含一些特征线，特征线的存在对 DEM 重建精度造成很大影响。针对这个问题，本节对整个实验区域建立基于特征线约束的不规则三角网（TIN），进而生成三维表面模型。

6.2.2 基于特征线约束的 DEM 重建

高精度 DEM 在三维可视化、地学分析以及各种空间分析中发挥着重要作用，利用离散采样点构建 TIN 是 DEM 重建的一种直接方式，它利用原始采样数据，不存在数据损失。而机载 LiDAR 系统所得到的原始点云数据比较随机、无规律性，即包含的点云数据并不一定全部包含特征线上的特征点，因此直接对原始点云数据进行 TIN 构网会弱化特征线的特征，影响 DEM 重建精度。本节在对点云进行孔洞修复的基础上，根据第 4 章特征线提取方法，提出基于特征线约束建立 TIN 模型，使生成的三角网更加符合黄土高原支离破碎的地形地貌特征。

对于有限个离散点，每三个邻近点连接成一个三角形，每个三角形代表一个局部平面，再根据每个平面方程，计算各格网点高程，生成 DEM。在地形复杂区，特征线可以大大改善三维表面重建情况，随着特征线的增加，会有新的节点出现，即特征线可以改变 TIN 中三角网的构建方式，由此 TIN 也会随着这些节点做相应的改变，如图 6-2 所示，显示了特征线对 TIN 的控制作用。

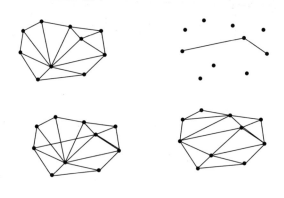

图 6-2　约束 TIN 生成

本节选取第 5 章实验一数据进行基于特征线约束的 DEM 重建，先根据实验一原始采样点云数据 11038 个点进行三角网构建，如图 6-3 所示，可以看出由于特征点的缺失，在特征线明显处构建的三角网不能很好地表现出地形特征。因此，本书基于原始点云数据，根据第 4 章基于极大曲率进行特征线提取，得到如图 6-4（a）所示的特征线，根据特征线对 TIN 的控制作用，生成基于特征线约束的三角网，如图 6-4（b）所示。

图 6-4（a）提取的特征线基本落在侵蚀沟的边缘上，很好地刻画了侵蚀沟的形态，为进一步进行三角网重建提供了精确数据源。从图 6-4（b）可以看出，基于特征线构建的 TIN 模型不仅弥补了由点云不均匀造成的地面缺失，而且大大改进了数字地面模型的重建效果，使结果更符合、更能体现原始地形

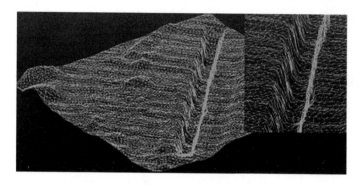

图 6-3 三角网构建

地貌特征，总之，在特征线提取的基础上，很好地实现了基于特征线约束的不规则三角网的自动生成。

（a）特征线提取

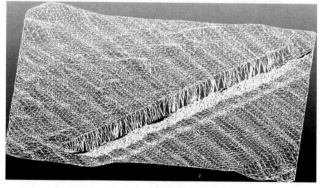

（b）三角网重建

图 6-4　基于特征线约束的 **TIN** 重建

接着对构建的 TIN 进行模型三维可视化，如图 6-5 所示。图 6-5（a）显示了基于三角化的 DEM，图 6-5（b）、图 6-5（c）和图 6-5（d）分别显示了三种模型重建效果图：基于特征线约束的 DEM 重建（本书方法）、最小曲率方法生成的 DEM 和用克里金方法生成的 DEM。通过比较图 6-5（b）与图 6-5（c）、图 6-5（d）可知，从整体上来看，采用本书方法生成的 DEM 对整个实验区域地形光滑表示并且在地形起伏比较大的地方很好地保留了地形特征。具体来看，在过渡边周围保持了地形的平滑性，在尖锐边两边不仅没有弱化特征线，而且地形特征表达明确。

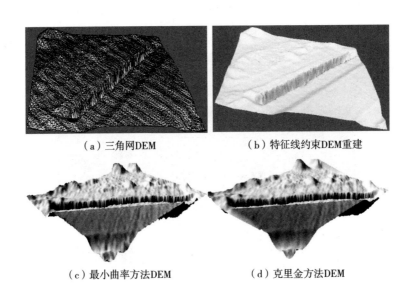

（a）三角网DEM　　　　　　　（b）特征线约束DEM重建

（c）最小曲率方法DEM　　　　　（d）克里金方法DEM

图 6-5　DEM 重建方法比较

6.2.3　流失量估算

侵蚀沟流失量的估算是水土流失量计算的根本和基础，通过监测侵蚀沟体积变化以及土壤密度得到土壤侵蚀量。本节首先选一个体积起算基准面（通常选取 Z 值零点）作为点云高程的水平面，根据基于特征线约束方法对点云进行三角化，由三角形各顶点向基准面引垂线，把实体模型分为 n 个三棱锥柱，通过对每个三棱锥求体积及对 n 个三棱锥体积求和，得到基于地面的土壤流失量。设 $\triangle ABC$ 为利用基于特征线构建 DEM 网中的一个三角形，然后将 $\triangle ABC$ 三个顶点垂直投影到水平面，相应的投影点即为 DEF。于是 $ABC\text{-}DEF$ 构成一个三棱柱[176]，如图 6-6 所示。

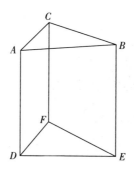

图 6-6　斜截三棱柱

为了计算三棱柱体积，令：

$$P = \frac{1}{2}\left(D_{DE} + D_{EF} + D_{FD} \right) \tag{6-5}$$

$$Q = \frac{1}{2}\left(S_{AB} + S_{BC} + S_{CA} \right) \tag{6-6}$$

其中，D 为两点间的水平距离，S 为两点间的斜距，则投影面 $\triangle DEF$ 的面积为：

$$S_{DEF} = \sqrt{P\left(P - D_{DF} \right)\left(P - D_{FE} \right)\left(P - D_{DE} \right)} \tag{6-7}$$

斜面 ΔABC 的表面积为：

$$S_{ABC} = \sqrt{Q(Q-S_{AB})(Q-S_{BC})(Q-S_{AC})} \qquad (6-8)$$

斜截三棱柱体积为：

$$V = \frac{S_{DEF}}{3}(h_{AD}+h_{BE}+h_{CF}) \qquad (6-9)$$

于是整个区域构造的体积方量为：

$$V_{总} = \sum_{i=1}^{n} V_i \qquad (6-10)$$

以上是对整个区域的相对体积的计算方法，对于两期及以上点云监测数据来说，水土流失量的值即相对体积的体积差的绝对值。对实验一数据来说，最低点高程为 54.05 米，因此本实验选取高程 54 米为体积估算基准面，通过以上公式计算整个实验区域相对体积为 2700.725 立方米，表面积为 1124.57 平方米，投影面表面积为 891 平方米。

6.3　基于点云数据的土壤侵蚀应用研究

本章以侵蚀沟广泛分布的黄土高原区为试验样区，探索建立一种基于机载 LiDAR 技术研究侵蚀沟的新方法，并将此方法应用于我国黄土高原区侵蚀沟的时空分布格局、侵蚀沟发生的地貌临界条件及其土壤侵蚀量估算等研究，以期为黄土高原区植被恢复、土地的合理利用与开发和生态环境整治提供技术支撑。

6.3.1　研究区概况

研究区域为山西省朔州市，位于山西省西北部，是黄土高原的重要组成部分，地理坐标为北纬 39°05′~40°17′、东经 111°53′~113°34′。其行政区范围南北宽约 130 千米，东西长约 145 千米，境域面积约为 1.07 万平方千米。朔州市处于海河流域上游、黄河流域中游。土壤土质以轻沙壤、沙壤为主，植被遭到严重破坏以及地形支离破碎，导致了朔州市水土流失问题严重。大面积的土壤侵蚀恶化了当地的生态环境，阻碍了当地农业和经济的持续发展。

山西省地处黄土高原，生态环境极其脆弱，水土流失面积广。朔州市为晋西黄土丘陵沟壑区，是全省水土流失比较严重的地区。产生水土流失的原因是多方面的。从地形地貌特征来看，朔州市从盆地到山区根据地貌类型的成因分为冲积平原区、倾斜平原区、低山丘陵区、中高山区。平原区地势较为平缓，高程 970~1100 米；低山丘陵区由于长期的剥蚀和地壳上升缘故，地形起伏不平，沟顶呈浑圆形，沟谷切割不深；中高山区由于受喜马拉雅山的影响，地形陡峭，沟谷较深，基岩裸露，多呈"V"字形。

从降雨方面来看，朔州市的降雨主要集中在 7、8、9 月，这三个月的降雨量占全年降雨量的 60% 以上，降雨量的集中加大了对地形的冲刷，进而形成陡壁、陷穴、奇峰等微地貌，进一步导致沟壑的扩展，水土流失加剧。

从植被方面来看，朔州市地处半干旱、半草原地带，现有草地可分为 4 种类型：山地草原类草地、山地草甸类草地、山地草灌类草地和低温草甸类草地。受人类活动、矿山开采、道路开发等因素的影响，境内的原始森林植被已基本不存在，为水土保持而种植的树林、农作物、牧草等分布广泛。总的来说，植被的分布与该地区的气候、地形、人类活动的影响等有很大关系。

从土地利用方面来看，全市 80% 的土地是草地、耕地和林地。近年来，由于移民并村、退耕还林还草还牧、产业结构调整，境内耕地面积缩减严重。总之，以上各种因素的影响再加上地质原因，导致沟谷侵蚀加剧、沟床下切、沟坡扩张、地面支离破碎，使此区域内土壤侵蚀越来越严重。

6.3.2 水土流失量估算流程

本章面向侵蚀沟的土壤侵蚀量的估算，是在机载 LiDAR 遥感技术的基础上，对海量点云数据进行去噪技术、滤波技术、特征线提取技术和侵蚀沟点云分割技术的处理，得到完整的侵蚀沟点云信息，通过对侵蚀沟点云进行三角化、参数提取分析，推算出适合整个实验区域的高精度三角网构建方法，然后根据点云生成 DEM 进而进行体积计算，基于两次数据对整个研究区域内的土壤侵蚀的变化进行监测，为更好地监测、治理水土流失提供了一种方便、高效的方法。鉴于点云数据获取的限制，本章通过单次点云数据得到实验区域土壤侵蚀的相对流失量，根据同样方法可以得到后续数据的相对水土流失量，进而得到土壤侵蚀的绝对流失量。

基于机载 LiDAR 技术分割得到侵蚀沟点云和特征线生成高精度 DEM，能精确得到每次土壤侵蚀变化量，而土壤侵蚀的监测需要利用两次及以上观测数据得到结果，通过三维表面匹配技术，提高不同时相点云之间的相对精度，求取同一位置之间的变化关系，进而计算体积差，基于土壤容量值估算土壤侵蚀量。鉴于机载 LiDAR 点云数据精度高、密度大，并且利用了上面一系列高效率数据后处理算法，估算的土壤侵蚀量精度非常高。当然此方法涉及不同时相 DEM 的配准及基于 DEM 的体积计算方法等关键技术问题。

基于机载 LiDAR 点云数据进行黄土高原区域土壤侵蚀量估算，流程如图6-7 所示。通过多次机载 LiDAR 遥感监测进行侵蚀沟形态测量及 DEM 制作，进一步分析侵蚀方式演变过程与侵蚀沟形态变化的关系，阐明沟蚀土壤侵蚀的空间变化规律。相较而言，本章方法不仅能较为精确地测量土壤侵蚀的空间变化和地貌形态变化，而且能根据实际需求做出侵蚀沟侵蚀量分布图，较为直观地反映侵蚀的变化特征。

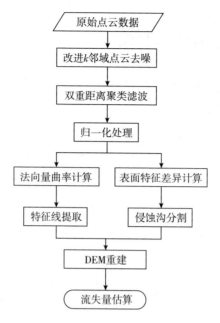

图 6-7　流失量估算流程

6.3.3　水土流失量估算实验过程

前面已经对实验数据进行了详细的介绍及分析，研究区域选取朔州市朔城区某村及周围的机载 LiDAR 点云和影像数据，获取时间为 2015 年，如图 6-8 所示，点云总数为 737923 个点，选取区域长度为 3041.99 米，宽度为 1893.01 米，点云平均密度为 0.13pts/m^2。从影像上除了可以明显看到侵蚀沟以外，地物还包括村庄里的房屋、树木、庄稼等。

建立高精度 DEM 的前提是对原始点云数据进行滤波处理，去除房屋、树木、植被、电力线等地物点，得到完整的地面点。图 6-9 所示为用第 3 章介绍的改进的 k 邻域点云去噪算法和双重距离滤波后点云显示图，点数为 734084 个。从点数来看，共滤除了 3829 个点，实验区内地物分布比较集中，但是整体来说地物点数目不多。从滤除效果图来看，地物点虽然比较稀疏，但是地物点基本上被滤除，滤波效果较好。

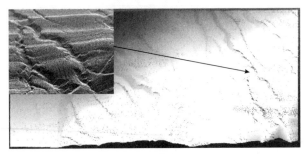

（a）三维点云

（b）影像

图 6-8　研究区域点云和对应影像

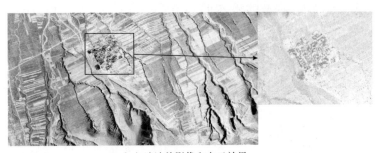

（a）滤波前影像和点云效果

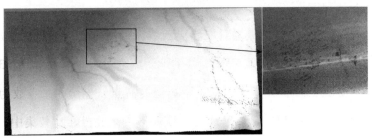

（b）滤波后点云显示

图 6-9　整个实验区域滤波

根据滤波后实验区点云数据，对其进行归一化处理，即对原始点云数据集合 $P = \{p_i(x_i, y_i, z_i); i = 1, 2, \cdots, n\}$，通过 $f_i = p_i - p_1$ 变换，得到处理后点云数据集合 $F = \{f_i(x_i, y_i, z_i); i = 1, 2, \cdots, n\}$，接着对新点云集合进行法向量和曲率计算，通过第 4 章极大曲率估计得到沟壑地区点云，如图 6-10 所示，分别为含特征线侵蚀沟点云、沟沿线、沟壑点云三维显示和相对应的沟壑点云平面图。从图中可以看出，沟沿线提取完整并且和沟壑点云符合度较高，沟壑点云具有良好的连续性且形态特征符合沟壑走向，因此本章方法有效实现了沟壑点云分割，为后续土壤侵蚀量估算及三维模型重建提供了精确的数据源。

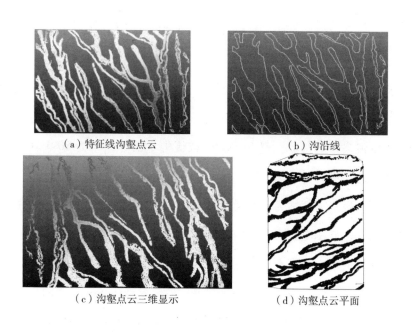

（a）特征线沟壑点云　　　　　　　　　（b）沟沿线

（c）沟壑点云三维显示　　　　　　　　（d）沟壑点云平面

图 6-10　分割侵蚀沟点云

通过第 6 章基于特征线约束建立实验区域 DEM，并进行模型可视化。可视化效果如图 6-11 所示。从可视化效果来看，实验区整体 DEM 保持了一定的光滑性，而且在沟壑地方对应模型与其形态特征保持一致，沟沿线保持良好。

总体上，DEM 重建结果符合地形地貌特征。

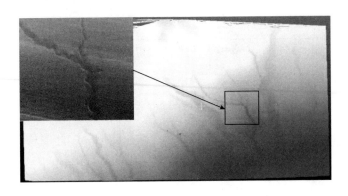

图 6-11　三角化显示

以提取的特征线和沟沿线作为约束条件，建立了实验区域高精度 DEM，由于实验区域高程最低点为 1149.910 米，于是本节选择 1149 米作为基准面进行相对土壤流失量的估算，整个实验区域流失量估算结果为 80918048.239 立方米。沟壑总长度为 29221.3 米。

在中国，以水力侵蚀为主的类型区可分为东北黑土区、西北黄土高原区、北方土石山区、西南土石山区和南方红壤丘陵区。不同侵蚀类型区宜采用不同的容许土壤流失量，如表 6-1 所示。

表 6-1　各侵蚀类型区容许土壤流失量　　　单位：$t/(km^2 \cdot a)$

类型区	容许土壤流失量
西北黄土高原区	1000
东北黑土区	200
北方土石山区	200
南方红壤丘陵区	500
西南土石山区	500

土壤侵蚀强度沟蚀分级指标如表6-2所示。

表6-2 沟蚀分级指标

沟谷占坡面面积比（%）	<10	10~25	25~35	35~50	>50
沟壑密度（km/km²）	1~2	2~3	3~5	5~7	>7
强度分级	轻度	中度	强烈	极强烈	剧烈

资料来源：中华人民共和国水利部水土保持司．土壤侵蚀分类分级标准（SL1902007）[M]．北京：中国水利水电出版社，2008：3-12．

实验区域面积约为 6 平方千米，通过前面实验得到侵蚀沟长度约为 30 千米，因此沟壑密度将近 5 千米/平方千米，从土壤侵蚀强度沟蚀分级指标来看[177]，此研究区域处于强烈侵蚀和极强烈侵蚀之间，流域内布满大大小小的沟壑，地形支离破碎，耕田破坏严重，因此应该重视本地区的水土保持工作。通过对一小流域内的区域进行土壤侵蚀量估算研究，进而指导整个区域土壤侵蚀研究方法，进一步掌握侵蚀强度的差异、土壤侵蚀的整体分布情况以及面积的统计与计算方法。

6.3.4 坡度坡向分析

高精度 DEM 的生成极大精确化了现代地形景观演化研究。DEM 应用与分析可以分为高程查询、生成等高线、生成纵断面图、可视性分析、坡度坡向查询、表面积体积量算等方面。刘学军等（2008）基于 DEM 坡度计算误差的独立性，研究了顾及 DEM 空间自相关条件下的坡度精度[178]。本节基于高精度 DEM 利用 ArcGIS 提取侵蚀沟坡度和坡向图（见图 6-12 和图 6-13），利用 DEM 提取得到的这些地貌特征值（见图 6-14）与相关土壤侵蚀预报预测模型相结合，进一步分析土壤侵蚀。

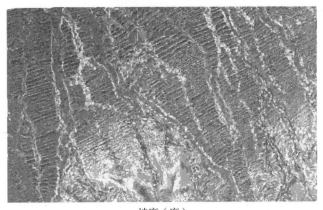

坡度（度）

■ 0~2.55	■ 2.55~6.30	■ 6.30~11.69
▨ 11.69~16.92	□ 16.92~26.49	▨ 26.49~41.49
▨ 41.49~56.51	■ 56.51~71.79	■ 71.79~90.00

图 6-12   坡度

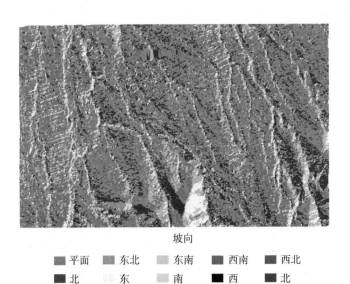

坡向

■ 平面	■ 东北	▨ 东南	■ 西南	■ 西北
■ 北	▨ 东	▨ 南	■ 西	■ 北

图 6-13   坡向

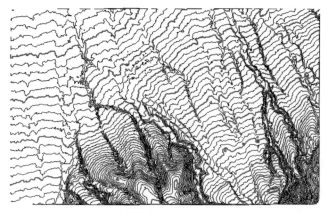

—— 等值线　　—— 计曲线

图 6-14　等值线

　　本章以黄土高原区山西省朔州市为研究对象，详细分析该区域的降雨、土壤和植被等自然条件，归纳总结区域地貌特征。基于机载 LiDAR 技术，通过对原始点云进行去噪处理和滤波处理，进行研究区地形特征线提取以及侵蚀沟点云分割，基于地形特征线约束建立高精度 DEM，进而进行区域土壤流失量的估算，以期为建立侵蚀沟地区水土流失预报预测模型和开展水土保持工作提供技术支撑。

6.4　土壤侵蚀预报预测模型

　　土壤侵蚀预报预测模型是半个多世纪以来用于政策指定、侵蚀量调查、保护规划和工程设计的一项强有力的工具。目前有许多侵蚀模型，每个模型都有各自的特点，都有特定的使用条件要求、易用性、局限性及优势。

6.4.1 土壤侵蚀影响要素及相互关系

环境条件直接决定一个特定地区的土壤侵蚀类型和土壤侵蚀速率。这些条件主要包括四种基本因子：气候、地形、土壤、土地利用。每个因子都单独影响土壤侵蚀，但是相互之间也有影响。

（1）气候指天气及天气条件随时间的变化特征。气候直接或间接地影响土壤侵蚀，降水是影响水力侵蚀的一个重要气候变量。降雨引起的侵蚀首先是雨滴击溅土壤，其次在地表形成水流，一般用降雨量、降雨动能、降雨动量以及降雨强度来描述降雨的侵蚀力。可以用降雨强度来测定单场降雨的侵蚀量，乘以总降雨量则可以计算出整场暴雨的侵蚀力。植被覆盖能够保护地表免于遭受雨滴击溅和地表径流等外营力形成的侵蚀，气候因子反过来又影响土壤剖面内部的植被量和生物分解量。

（2）地形指陆地表面的几何形状，其重要的几何参数是坡长、坡度、坡形、坡向。如同气候通过影响植被来间接影响土壤侵蚀一样，地形也会通过影响植被来间接影响土壤侵蚀。

（3）土壤指覆盖于地球表面的疏松物质，土壤有许多功能，如培养植物，是建筑物和道路建设必需的建筑材料，还能携带所吸附的化学元素，从而改善沟道和湖泊水质。可侵蚀度高的土壤比侵蚀抵抗能力强的土壤受侵蚀程度高10倍，土壤性质、土壤中的有机物质都影响着土壤可侵蚀度。相对于地表径流导致的侵蚀敏感度，土壤对于雨滴击溅导致的侵蚀敏感度是不同的。当土壤更易受地表径流侵蚀而不是雨滴击溅侵蚀时，地形对土壤侵蚀影响更大。

（4）土地利用对土壤侵蚀的影响程度比其他任何单个因子都大，包括一般意义上的土地利用以及所使用的土地管理措施。土壤侵蚀直接与施加于地表的雨滴击溅和地表径流等外在侵蚀动力的力量大小有关，同时与土壤抵抗土壤侵蚀的能力有关，土地利用类型和土地利用活动同时影响施加于土壤的侵蚀动力和土壤对这些侵蚀动力的抵抗力。

任何一个侵蚀模型都必须要阐述气候、土壤、地形与土地利用这四个因子是怎样影响土壤侵蚀量和相关变量的。土壤侵蚀是气候、土壤、地形和土地利用的函数，每个因子的作用都是以它们的独立影响来描述的，而这些因子之间又相互影响。比如，侵蚀力由气候因子决定，但气候也通过影响土壤水分和土壤地表状况来影响土壤可侵蚀度。

6.4.2 土壤侵蚀模型类型

土壤侵蚀预报预测模型由多个数学方程构成，这些数学方程借助输入变量的值来计算侵蚀变量值，上述土壤侵蚀影响要素作为输入变量进行预测。从模型结构来看，土壤侵蚀模型主要有四种类型：回归模型、基于指标的模型、基于过程的模型和动态模型。

回归模型是使用统计回归程序选择一个适合于所应用数据的方程，具体方法是检验观测值与方程估计值间的方差平方和最小。回归模型是否适当，在很大程度上取决于建立该模型时所采用的数据的质量和数量。此模型的优势是简单易用，输入数据值简单且容易获得。

基于指标的模型采用指标反映各种影响要素是如何影响土壤流失的，通常用乘法形式，一个简单的基于指标的模型如式（6-11）所示，指标的值由代表实地条件的庞大的实验数据库来确定。

$$SL = CF \cdot SF \cdot TF \cdot LUF \tag{6-11}$$

其中，SL 是年平均土壤流失量，CF 是气候因子，SF 是土壤因子，TF 是地形因子，LUF 是土地利用因子。开发基于指标的模型，先是定义标准条件，以便于建立标准条件下侵蚀力和土壤流失量之间的基本经验关系式和测定土壤可侵蚀度。

基于过程的模型采用简单的稳态方程表达单个侵蚀过程，由土壤侵蚀过程理论和经验数据库导出方程，并由代表实地条件的数据库来验证。基于指标的模型与基于过程的模型的一个重要区别是：基于指标的模型假定了坡长与所有条件的单一关系，而没有考虑当细沟侵蚀和沟间侵蚀的比率因气候、土壤、地形、土地使用情况不同而变化时坡长效应的变化。

动态模型通过计算两个暴雨事件间整个时间段内的常规点值来追踪时间变量，采用有代表性的暴雨值和稳态方程来计算每次暴雨的侵蚀量，方程的形式通常是依理论而建立的。侵蚀动态模型的一个优点是它计算侵蚀的年际变化。比如土壤流失量计算的影响可以通过计算雨滴击溅在沟间区域所造成的破坏来表达，这个破坏率与降雨强度的平方成正比。计算沟间侵蚀量的方程如式（6-12）所示：

$$D_i = k_i i^2 \tag{6-12}$$

式中，D_i 表示沟间侵蚀率，k_i 表示沟间土壤可侵蚀度因子，i 表示降雨强度。

6.4.3 侵蚀沟侵蚀预报预测模型研究

过去几十年对水蚀的研究主要集中在小区域尺度上的面蚀及细沟侵蚀上，比如用通用土壤流失方程估算在一定耕作方式和经营管理制度下产生的年平均土壤侵蚀流失量。此方法是表示坡地土壤流失量与其主要影响因子间的定量关系的侵蚀数学模型，因此土壤流失量的估算多与影响因子有很大关系，当然此方法发展得相当成熟。

土壤侵蚀预报预测模型是定量预测、预报土壤侵蚀量的重要工具。对面蚀造成的土壤侵蚀进行预测的模型分为以下几类：一是以 USLE 为蓝本的侵蚀预报预测模型：$A = R \cdot K \cdot L \cdot S \cdot C \cdot P$。式中，$A$ 为单位面积上土壤流失量，R 为降雨侵蚀力因子，K 为土壤可蚀性因子，L 为坡长因子，S 为坡度因子，C 为作物覆盖和管理因子，P 为水保措施因子。二是水蚀预报预测模型（Water Erosion Prediction Project，WEPP），它是一个基于侵蚀过程可以连续模拟的物理模型。三是流域侵蚀产沙经验模型。综合来看，国内外的各种土壤侵蚀预报预测模型在进行侵蚀沟流失量预测、预报方面还有一定的不足。

相对于成熟的面蚀模型的建立，侵蚀沟侵蚀模型的研究及建立基本上处于初级阶段，已有的一些不成熟的侵蚀沟模型也仅仅围绕经验统计模型探讨，或者是根据相关观测得到的相关因子的回归方程。俄罗斯学者基于侵蚀沟形态机理把侵蚀沟预报预测模型分为两类：一是静态模型，二是动态模型。静态模型构建的前提是侵蚀沟的宽度和高度基本上不发生变化，动态模型基于质量守恒定量描述了侵蚀沟发育的阶段。

通过验证，上述两种模型都能很好地预测侵蚀沟的形态参数，比如沟底深度，但静态模型的模型参数的获取需要实地调查加以修正，动态模型成立的前提是侵蚀沟发展的速度比较快，这对于有些侵蚀沟不太适合，并需进一步建立相对应的预测模型。Radoane 等（1995）研究了沟头土壤崩塌量预测模型，沟头位置由 DEM 确定，通过计算土体的水分含量，应用平衡方程等找到土体发生崩塌的临界条件，但此模型不具有概括性。总的来说，鉴于土壤侵蚀过程的复杂性以及技术条件的限制，目前有关侵蚀沟的预报预测模型还不完全能顾及侵蚀沟发展的各影响因素及各种过程，因此有待于发展和完善较全面的预报预测模型。本章基于机载 LiDAR 技术对侵蚀沟侵蚀预报预测模型进行了改进。

（1）坡度坡长因子改进。由于各个地方的地区差异，在通用土壤侵蚀预报预测模型中，坡度、坡长因子对于土壤侵蚀量的估算至关重要，因此本书基于机载 LiDAR 遥感技术对黄土高原地区进行土壤侵蚀估算实验，由结果可知，高精度 DEM 较容易获取研究区域的坡度、坡长因子，进而改进通用土壤侵蚀预报预测模型，完善土壤侵蚀量估算，为进一步评估土壤侵蚀提供数据支撑。表 6-3 所示为地类坡度与土壤侵蚀强度中面蚀分级指标。

表 6-3　面蚀分级指标

地类 　 地类坡度（°）		5~8	8~15	15~25	25~35	>35
非耕地林草盖度（%）	60~75	轻度				
	45~60					强烈
	30~45		中度		强烈	极强烈
	<30			强烈	极强烈	剧烈
坡耕地		轻度	中度			

（2）流失量预测。通过本书提出的机载 LiDAR 技术进行土壤侵蚀监测研究，可以监测整个区域的侵蚀沟，对其进行三维可视化，并且对坡度侵蚀地区和沟蚀地区进行区分，明显得到面蚀区域，此时将用通用土壤侵蚀方程得到的土壤侵蚀量与基于机载 LiDAR 数据的土壤侵蚀量进行对比，可以进一步验证本书方法的准确性。

本章利用回归模型进行土壤侵蚀量预测：①采用合理的插值方法，以提取的特征线和沟沿线作为约束条件，构建研究区 DEM。②提取两期土壤侵蚀图斑的有关信息并分析现有图像配准方法进行配准、叠加，对 DEM 数据进行三维渲染显示，从而更直观、生动地观看土壤侵蚀的形成过程。③侵蚀量的计算。基于两期的 DEM 差值数据，研究采用解析法精确计算体积的方法，估计土壤侵蚀量，评定土壤侵蚀量的估算精度。

本章对侵蚀沟监测方法的研究及实现，对后续侵蚀沟启动的阈值条件、侵蚀沟机理（下切作用、陷穴作用、切槽作用、潜蚀作用、拉张裂隙发育等）、侵蚀沟发育与土地利用相互耦合过程及侵蚀沟泥沙效应等研究打下了很好的基础。

6.5　本章小结

本章首先分析三维模型的重建方法，选用不规则三角网进行 DEM 表面重建。其次，在对基于分割后的侵蚀沟点云进行孔洞修复的基础上，建立基于特征线约束的不规则三角网，进而生成表面模型。特征线对 TIN 模型有一定的控制作用，实验结果表明，基于特征线约束构建的 DEM 不仅弥补了点云不均匀造成的地面缺失，而且大大改进了数字地面模型重建效果，使结果更符合地形地貌特征。

以黄土高原区山西省朔州市为研究对象，通过对原始点云进行去噪处理和滤波处理，完成了研究区地形特征线提取以及侵蚀沟点云分割，得到完整的侵蚀沟点云信息，并基于地形特征线约束建立高精度 DEM，进而完成了区域土壤侵蚀量的估算，为建立侵蚀沟地区水土流失预报预测模型和开展水土保持工作提供了技术支撑。

7　结论与展望

7.1　结论

  本书结合了 2014 年水利部重点实验室开放基金项目"基于机载 LiDAR 的黄土丘陵沟壑区侵蚀沟提取与可视化研究"（项目编号：2015003）、"2014 年江苏省普通高校研究生科研创新计划项目"（项目编号：KYLX_0495）、河南省科技厅科技攻关项目"基于无人机遥感监测的黄土丘陵沟壑区切沟侵蚀时空演变研究"（项目编号：202102310337）、河南省科技厅科技攻关项目"融合航空影像和激光雷达点云的豫西黄河流域切沟监测及体积预测模型研究"（项目编号：242102321113）和河南省教育厅科技计划项目-重点科研项目"融合机载 LiDAR 点云和航空影像的豫西黄河流域切沟监测及体积估算模型优化"（项目编号：24B420001），针对黄土高原区复杂环境下的机载 LiDAR 点云滤波方法、土壤侵蚀地貌特征线提取技术、侵蚀沟点云分割技术、高精度 DEM 重建及土壤侵蚀量估算等相关问题展开研究。

  水土流失是一个全球性的生态环境问题。侵蚀沟作为一种常见的土壤侵蚀类型，侵蚀量大，侵蚀速度快，在土壤侵蚀中占据着重要位置。机载 LiDAR 能够获取高精度以及丰富的地表数据资源，为地表特征表达提供了一种很好的方法。但是，海量的点云数据、空间范围大和自然地物的复杂性严重制约着机载 LiDAR 点云数据后处理的发展。基于此，本书以估算土壤侵蚀量为目的，采用机载 LiDAR 点云数据结合微分几何分析方法，针对处理流程中所涉及的关键技术问题进行了讨论。本书在参考大量文献，总结国内外研究成果的基础上，提出了相应的解决方案，并用实验进行验证及比较。本书主要研究成果如下：

（1）黄土高原区域地貌特征和数据特征分析。针对黄土高原区的土壤和地形、降雨、植被和土地利用情况、调查资料及相关研究的数据产品，归纳总结了区域地貌特征，并形成语义信息。结合现有激光点云数据和影像数据的特点，分析了侵蚀沟特有的点云特征和光谱特征，为后续特征线提取与地物识别打下基础。

（2）机载 LiDAR 数据预处理以及改进的滤波算法。将标准差阈值判断条件应用于 k 邻域点云去噪算法中，实验结果表明，该方法可以有效去除噪声点并保留稀疏非噪声点，符合统计分析理论，尤其更适合山区地形特征。针对地形起伏大、房屋和植被稀少的特点，为了防止"腐蚀"地形或者不能有效剔除地物点的情况，提出了基于空间聚类的滤波方法，通过构造八叉树结构进行点云分割，采用空间距离和属性距离相结合的方法进行聚类，考虑到地形的复杂性和阈值设置的不完善性，采用基于块的地面三角网加密，在粗分类的基础上进一步进行精细迭代判断。通过顾及点云的属性信息和对分割区域块代替原始单个点云数据渐进三角网加密的改进，实现了点云分割块之间的最大相似度以及地物点和地面点的有效分类。实验结果表明，此算法解决了单一阈值对滤波效果的限制，且在处理不连续地面时，能有效分离地物点，保持复杂地形特征，使总体滤波效果达到最佳。

（3）基于极大曲率的点云数据特征线提取技术研究。针对基于数字化等高线数据和数字地面模型提取地形特征线受内插误差影响，提出了基于极大曲率进行地形特征线提取，该方法不需要人工干预，直接基于机载 LiDAR 点云数据进行处理。根据初始地面点云的极大曲率，采用欧氏聚类方法实现地形特征点粗提取，并基于粗糙度分析实现对特征点的精细提取，利用最小生成树生成特征线。实验结果表明，该方法的优点是不需要人工干预，直接基于机载 LiDAR 点云数据进行处理，由此得到的地形特征点既简化了 LiDAR 点云数据，又清晰地描述了地形结构。

（4）基于表面特征差异的侵蚀沟点云分割方法研究。侵蚀沟点云的精确分割以及特征参数提取，可以提高建立区域 DEM 的精度，进而提高土壤侵蚀量估算精度。基于现有点云分割现状，提出了一种基于表面特征差异的侵蚀沟点云分割方法。此方法根据不同固定距离选取不同邻域点，进而得到表面特征差异，设定一定阈值分割得到侵蚀沟点云。通过邻域尺寸的变化得到更多曲面信息，克服了已有算法应用微分几何单个参数造成的噪声敏感性以及地物提取的局限性问题。实验结果表明，本算法充分考虑了侵蚀沟是嵌入到地形中的数据，分割侵蚀沟点云能合理表达真实形态，为进一步进行侵蚀量估算提供了数据支撑。基于侵蚀沟点云分割结果进行侵蚀沟参数提取以及三维可视化，为土壤侵蚀量估算提供了一种新的高精度因子提取方法。

（5）基于特征线约束的 DEM 重建及土壤侵蚀量估算。对于黄土高原地区点云数据来说，侵蚀沟原始点云造成的侧面点云缺失、滤波后点云孔洞、侵蚀沟的边界线以及山区存在的一些特征线等对 DEM 生成精度造成一定影响。基于此，首先，基于分割得到的侵蚀沟点云进行孔洞修复，对整个实验区域建立基于特征线约束的不规则三角网，进而生成表面模型。其次，以黄土高原区山西省朔州市为研究对象，基于机载 LiDAR 技术，通过对原始点云进行去噪和滤波处理，进行研究区地形特征线提取以及侵蚀沟点云分割，得到完整的侵蚀沟点云信息，基于地形特征线约束建立高精度 DEM，进而估算区域土壤流失量，为建立侵蚀沟地区水土流失预报预测模型和开展水土保持工作提供了技术支撑。

本书所取得的主要创新性成果包括以下四点：

（1）针对稀疏非噪声点误判问题，将标准差阈值判断应用于点云去噪算法，提高了检测噪声的可靠性；提出了一种基于空间距离和属性距离相结合的聚类滤波方法，优化了地形复杂地区的滤波效果，并可保留完整的微地貌特征。

（2）针对由数字化等高线数据或数字地面模型提取地形特征线受内插误差影响的问题，设计了一种直接利用点云的基于极大曲率的地形特征线提取方法；充分分析与总结地形特征，并赋予侵蚀沟语义信息，结合欧氏聚类实现了地形特征点提取以及 3D 特征线的检测。

（3）提出了一种基于表面特征差异的侵蚀沟点云分割方法。考虑到已有算法利用点云微分几何信息的单一性，充分利用法向量或曲率及其变化关系进行侵蚀沟点云分割，基于点云的多尺度分析得到更多的曲面信息，特别是在含有噪声的曲面点集中，基于多尺度的算法提高了特征识别能力。

（4）开展基于机载 LiDAR 技术的土壤侵蚀量估算流程与方法研究。通过特征线约束建立高精度 DEM，实现了土壤流失量自动、精确计算，顾及侵蚀沟发育的各种过程和影响因素，研究了土壤侵蚀预报预测模型的构建。

7.2　展望

　　机载 LiDAR 技术作为一种非常重要的航空遥感技术，已被越来越多的研究人员所关注，虽然机载 LiDAR 技术无法完全取代传统航空摄影测量方式，但在未来的航空遥感领域中，机载 LiDAR 技术将成为主流之一，在理论与应用方面有着广阔的研究前景。

　　土壤侵蚀仍在加速是目前存在的一个问题。多年来，尽管研究人员对侵蚀理论及过程有一定的研究，但是侵蚀实际上仍然是一个经验科学，因此高质量的数据库对侵蚀研究是必要的。在不久的将来，土壤侵蚀预报预测模型应与精准的 GIS 相结合，加强 3S 和其他遥感数据的集成模型研究，建立适合我国国情的土壤侵蚀预报预测模型。从社会角度、时空角度来看，土壤侵蚀是一个全球性的主要环境问题，关系到后代利益的问题。土壤退化在未来可能加强也可能减弱，这取决于人口增长速度、土地抗干扰能力以及政策方法等多个因素的相互作用。

　　本书尝试将机载 LiDAR 遥感技术应用到土壤侵蚀研究中，为建立土壤侵蚀预报预测模型提供了一种新思路。本书通过对黄土高原区点云数据的去噪方法、滤波方法、特征线提取以及侵蚀沟点云分割方法进行研究，取得了一些成果，但在后续过程中仍有一些问题需要进一步研究。

　　（1）基于机载 LiDAR 点云和同机影像的融合问题研究。本书虽然提到机载 LiDAR 系统携带多光谱 CCD 相机，具备获得多光谱 CCD 影像的能力，可以增强对地物的认识和识别能力，但基于所获得数据和影像的限制，本书没有对融合技术进行深入研究，因此为了获取更理想的地形和地物提取和分割结果，基于影像和点云的融合技术是下一步工作的重点内容。

（2）点云数据的误差改正问题。尽管机载 LiDAR 系统所获取的点云数据垂直精度可达到 15～20 厘米，即受到量测误差和集成误差的影响，通过系统检校和模型平差方法可以提高精度，但是也不可能对所有误差项都予以消除，而黄土高原土壤侵蚀是一个缓慢的过程，对垂直精度要求特别高，因此在点云数据的误差改正方面还有待改进，比如结合地面三维激光扫描技术等。

（3）侵蚀沟地区的流失量监测问题。本书虽然对土壤侵蚀监测体系进行了详细介绍，但是鉴于点云数据源的限制，我们仅计算土壤侵蚀的相对流失量，对土壤侵蚀监测数据没有进行实验分析，因此后续应加强对监测数据的分析。

（4）土壤侵蚀预报预测模型的建立。数据的不足限制了侵蚀沟地区土壤侵蚀预报预测模型的建立，下一步应该更加完善土壤侵蚀预报预测模型，结合通用土壤侵蚀方程，进行面蚀和沟蚀关系研究。随着一代又一代机载 LiDAR 测绘最新产品的发布，高性能、低成本的系统会使数据的获取变得容易，让我们的研究不再受限于数据的来源。

参考文献

［1］张光辉．土壤侵蚀模型研究现状与展望［J］．水科学进展，2002，13（3）：389-396．

［2］李如忠，钱家忠，孙世群，等．不确定性信息下流域土壤侵蚀量计算［J］．水利学报，2005，36（1）：89-94．

［3］郑子成，秦凤，李廷轩．不同坡度下紫色土地表微地形变化及其对土壤侵蚀的影响［J］．农业工程学报，2015（8）．

［4］何福红．基于"3S"技术的沟蚀研究方法构建与应用——以长江上游长山岭地区为例［D］．中国农业科学院，2006．

［5］张宏鸣，杨勤科，李锐，等．流域分布式侵蚀学坡长的估算方法研究［J］．水利学报，2012，43（4）：437-443．

［6］于章涛．东北黑土地四个小流域切沟侵蚀监测与侵蚀初步研究［D］．北京师范大学，2004．

［7］周为峰，吴炳方．基于遥感和GIS的密云水库上游土壤侵蚀定量估算［J］．农业工程学报，2006，21（10）：46-50．

［8］李秀霞，韩鹏，倪晋仁．黄河流域上中游地区土壤侵蚀潜在危险度及抗侵蚀潜力特征［J］．水利学报，2009（3）．

［9］Dymond J R et al. Steepland erosion measured from historical aerial photograghs［J］. Journal of Soil and Water Conservation, 1986, July－August：252－255.

［10］Milan et al. Application of a 3D laser scanner in the assessment of erosion and deposition volumes and channel change in a proglacial river［J］. Earth Surface Processes and Landforms, 2007：657－674.

［11］徐国礼，周佩华. 地面立体摄影测量在监测沟蚀中的运用［J］. 中国科学院西北水土保持研究所集刊，1988（1）：17.

［12］Poesen J, Nachtergaele J, Verstraeten G, et al. Gully erosion and environmental change：Importance and research needs［J］. Catena, 2003, 50（2）：91－133.

［13］Harly D Betts et al. Digital elevation models as a tool for monitoring and measuring gully erosion［J］. Applied Earth Observation and Geoinformation, 1999：191－201.

［14］游智敏，等. 利用 GPS 进行切沟侵蚀监测研究［J］. 水土保持学报，2004, 18（5）：91-95.

［15］张鹏，等. 利用高精度 GPS 动态监测沟蚀发育过程［J］. 热带地理，2012, 29（4）：368-374.

［16］史学建，等. 基于 GIS 和 RS 的黄土高原土壤侵蚀预测预报技术［M］. 郑州：黄河水利出版社，2011.

［17］潘少奇，田丰. 三维激光扫描提取 DEM 的地形及流域特征研究［J］. 水土保持研究，2009, 16（6）：102-105.

［18］张姣，等. 利用三维激光扫描技术动态监测沟蚀发育过程的方法研究［J］. 水土保持通报，2011, 31（6）：89-94.

［19］耿鹤年．黄土高原水土流失的地质地形背景及其防治措施［J］．水土保持通报，1982（4）：10.

［20］Graham O P. Survey of land degradation in New South Wales, Australia［J］. Environmental Management, 1992, 16（2）：205-223.

［21］Descroix L, Barrios J L G, Viramontes D, et al. Gully and sheet erosion on subtropical mountain slopes：Their respective roles and the scale effect［J］. Catena, 2008, 72（3）：325-339.

［22］Casalí J, Loizu J, Campo M A, et al. Accuracy of methods for field assessment of rill and ephemeral gully erosion［J］. Catena, 2006, 67（2）：128-138.

［23］Ionita I. Gully development in the Moldavian Plateau of Romania［J］. Catena, 2006, 68（2）：133-140.

［24］Schmittner K E, Giresse P. The impact of atmospheric sodium on erodibility of clay in a coastal Mediterranean region［J］. Environmental Geology, 1999, 37（3）：195-206.

［25］沈海鸥，郑粉莉，温磊磊，等．黄土坡面细沟侵蚀形态试验［J］．生态学报，2014, 34（19）：5514-5521.

［26］张雪花，侯文志，王宁．东北黑土区土壤侵蚀模型中植被因子 C 值的研究［J］．农业环境科学学报，2006, 25（3）：797-801.

［27］史德明，石晓日．应用遥感技术监测土壤侵蚀动态的研究［J］．土壤学报，1996, 33（1）：48-58.

［28］Martínez-Casasnovas J A, Antón-Fernández C, Ramos M C. Sediment production in large gullies of the Mediterranean area（NE Spain）from high-resolution digital elevation models and geographical information systems analysis［J］. Earth Surface Processes and Landforms, 2003, 28（5）：443-456.

［29］Hu G，Liu M，Chen N. Real-time evacuation and failure mechanism of a giant soil landslide on 19 July 2018 in Yanyuan County，Sichuan Province，China ［J］. Landslides（Springer），2019，16（6）：1177-1187.

［30］Cheng-kai Wang，Yi-Hsing Tseng. Dual-directional profile for digital terrain model generation from airborne laser scanning data ［J］. Journal of Applied Remote Sensing，2014（8）．

［31］Domen Mongus，Borut Zalik. Parameter-free ground filtering of LiDAR data for automatic DTM generation ［J］. ISPRS Journal of Photogrammetry and Remote Sensing，2012.

［32］Reutebuch S E，Andersen H-E，McGaughey R J. Light detection and ranging（LIDAR）：An emerging tool for multiple resource inwentory ［J］. Forest，2001（103）：286-292.

［33］胡举，杨辽，等．一种基于分割的机载 LiDAR 点云数据滤波 ［J］. 武汉大学学报（信息科学版），2012，37（3）：318-321.

［34］黄先锋，李卉，王潇，等．机载 LiDAR 数据滤波方法评述 ［J］. 测绘学报，2009，38（5）：466-469.

［35］Darmawati A T. Utilization of multiple echo information for classification of airborne laser scanning data ［D］. International Institute for Geo-information Science and Observation，Enschede，The Netherlands，2008.

［36］李峰．机载 LiDAR 点云的滤波分类研究 ［D］. 中国矿业大学（北京），2013.

［37］Vosselman G. Slope based filtering of laser altimetry data ［J］. International Archives of Photogrammetry，Remote Sensing and Spatial Information Sciences，2000，33（B3）：935-942.

［38］Susaki J. Adaptive slope filtering of airborne LiDAR data in urban areas for digital terrain model（DTM）generation ［J］. Remote Sens，2012（4）：1804-1819.

［39］闫利，谢洪，等. 一种新的点云平面混合分割方法 ［J］. 武汉大学学报（信息科学版），2013，38（5）：517-521.

［40］Axelsson P E. DEM generation from laser scanner data using adaptive TIN models ［J］. Int. Arch. Photogramm Remote Sens，2000（32）：110-117.

［41］张小红. 机载激光雷达测量技术理论与方法 ［M］. 武汉：武汉大学出版社，2007.

［42］梁欣廉，张继贤，李海涛. 一种应用于城市区域的自适应形态学滤波方法 ［J］. 遥感学报，2007，11（2）：276-281.

［43］隋立春，杨耘. 基于 car（p，q）模型和数学形态学理论的 LiDAR 点云数据滤波 ［J］. 测绘学报，2012，41（2）：219-224.

［44］Cheng L，Zhao W，Han P，et al. Building region derivation from Li-DAR data using a reversed iterative mathematic morphological algorithm ［J］. Optics Communications，2013（286）：244-250.

［45］Chen Q，Gong P，Baldocchi D，et al. Filtering airborne laser scanning data with morphological methods ［J］. Photogrammetric Engineering & Remote Sensing，2007，73（2）：175-185.

［46］Meng X，Currit N，Zhao K. Ground filtering algorithms for airborne Li-DAR data：A review of critical issues ［J］. Remote Sens，2010（2）：833-860.

［47］Sithole G，Vosselman G. Experimental comparison of filter algorithms for bare earth extraction from airborne laser scanning point clouds ［J］. ISPRS J. Photogramm. Remote Sens，2004（59）：85-101.

［48］Sithole G，Vosselman G. Filtering of airborne laser scanner data based on segmented point clouds［J］. 2005（3）：66-75.

［49］Sithole G，Vosselman G. The full report：ISPRS comparison of filters［EB/OL］. http：//www. itc. nl/isprswgⅢ-3/filtertest/，2003.

［50］Lee I. A feature based approach to automatic extraction of ground points for DTM generation from lidar data［R］. proceedings of the ASPRS annual conference，Denver，CO，USA，23-28，May 2004.

［51］Jixian Zhang，Xiangguo Lin. Filtering Airborne LiDAR data by embedding smoothness-constrained segmentation in progressive TIN densification［J］. ISPRS Journal of Photogrammetry & Remote Sensing，2013（81）：44-59.

［52］Jixian Zhang，Xiangguo Lin，Xiaogang Ning. SVM-based classification of segmented airborne LiDAR point clouds in urban areas［J］. Remote Sensing，2013，5（8）：3749-3775.

［53］周晓明. 机载激光雷达点云数据滤波算法的研究与应用［D］. 解放军信息工程大学，2011.

［54］喻亮，李婷，等. 基于多维欧氏空间相似度的激光点云分割方法［J］. 国土资源遥感，2014，26（3）：31-36.

［55］张磊，汤国安，李发源，等. 黄土地貌沟沿线研究综述［J］. 地理与地理信息科学，2012，28（6）：44-48.

［56］董保根. 机载 LiDAR 点云与遥感影像融合的地物分类技术研究［D］. 解放军信息工程大学，2013.

［57］靳海亮，康建荣，高井祥. 利用等高线数据提取山脊（谷）线算法研究［J］. 武汉大学学报（信息科学版），2006，30（9）：809-812.

［58］朱庆，赵杰，钟正，等. 基于规则格网 DEM 的地形特征提取算法

［J］. 测绘学报，2004，33（1）：77-82.

［59］郭庆胜，杨族桥，冯科. 基于等高线提取地形特征线的研究［J］. 武汉大学学报（信息科学版），2008，33（3）：253.

［60］张春亢，赵学胜，王洪斌. 采用 Morse 理论的小尺度地形特征提取方法［J］. 测绘科学技术学报，2015（3）：266-270.

［61］王宗跃，马洪超，彭检贵. 利用 LiDAR 数据提取山谷（脊）线的关键技术研究［J］. 山东科技大学学报（自然科学版），2011（6）：19-24.

［62］彭检贵，马洪超，王宗跃，等. 机载 LiDAR 点云的双阈值自动提取断裂线方法［J］. 测绘科学技术学报，2010，27（4）：275-279.

［63］Kraus K，Pfeifer N. Advanced DTM generation from LIDAR data［J］. International Archives of Photogrammetry Remote Sensing and Spatial Information Sciences，2001，34（3/W4）：23-30.

［64］Schmidt A，Rottensteiner F，Sörgel U. Detection of water surfaces in full-waveform laser scanning data［J］. ISPRS-International Archives of the Photogrammetry，Remote Sensing and Spatial Information Sciences，2011（3819）：277-282.

［65］Ugelmann R B R. Automatic breakline detection from airborne laser range data［J］. International Archives of Photogrammetry and Remote Sensing，2000，XXXIII（B3）：109-116.

［66］李芸. 机载激光雷达（LIDAR）的数据处理和山区脊谷特征提取研究［D］. 长安大学，2013.

［67］Briese C. Three-dimensional modelling of breaklines from airborne laser scanner data［J］. International Archives of Photogrammetry Remote Sensing&Spatial Information Sciences，2004（Ⅲ3）：1-6.

［68］Briese C, Mandlburgerab G, Resslb C, et al. Automatic break line determination for the generation of a DTM along the river main ［J］. Laser Scanning, 2009, XXXVIII（W8）: 1-6.

［69］Rutzinger M, Maukisch M, Petrini-Monteferri F, et al. Development of algorithms for the extraction of linear patterns（lineaments）from airborne laser scanning data ［C］//Geomorphology for the Future, Obergurgl, 2007.

［70］Rutzinger M, Hoefle B, Kringer K. Accuracy of automatically extracted geomorphological breaklines from airborne LiDAR curvature images ［J］. Geografiska Annaler: Series A, Physical Geography, 2012, 94（1）: 33-42.

［71］Bellon O R P, Direne A I, Silva L. Edge detection to guide range image segmentation by clustering techniques ［C］//Image Processing, 1999. ICIP 99. Proceedings. 1999 International Conference on. IEEE, 1999（2）: 725-729.

［72］Jiang X Y, Hoover A, Jean-Baptiste G, et al. A methodology for evaluating edge detection techniques for range images ［C］//Proc. Asian conf. computer vision, 1995: 415-419.

［73］Sappa A D, Devy M. Fast range image segmentation by an edge detection strategy ［C］//3-D Digital Imaging and Modeling, 2001. Proceedings. Third International Conference on. IEEE, 2001: 292-299.

［74］Wani M A, Arabnia H R. Parallel edge-region-based segmentation algorithm targeted at reconfigurable MultiRing network ［J］. The Journal of Supercomputing, 2003, 25（1）: 43-62.

［75］Wani M A, Batchelor B G. Edge-region-based segmentation of range images ［J］. Pattern Analysis and Machine Intelligence, IEEE Transactions on, 1994, 16（3）: 314-319.

［76］刘进，武仲科，周明全. 点云模型分割及应用技术综述［J］. 计算机科学，2011，38（4）：21-24.

［77］Jiang X Y, Meier U, Bunke H. Fast range image segmentation using high-level segmentation primitives［C］//Applications of Computer Vision, 1996. WACV'96., Proceedings 3rd IEEE Workshop on. IEEE, 1996：83-88.

［78］Natonek E. Fast range image segmentation for servicing robots［C］//Robotics and Automation, 1998. Proceedings. 1998 IEEE International Conference on. IEEE, 1998（1）：406-411.

［79］Khalifa I, Moussa M, Kamel M. Range image segmentation using local approximation of scan lines with application to CAD model acquisition［J］. Machine Vision and Applications, 2003, 13（5-6）：263-274.

［80］Azer M A, El-Kassas S M, Hassan A W F, et al. A survey on trust and reputation schemes in ad hoc networks［C］//Availability, Reliability and Security, 2008. ARES 08. Third International Conference on. IEEE, 2008：881-886.

［81］Huang J, Menq C H. Automatic data segmentation for geometric feature extraction from unorganized 3-D coordinate points［J］. Robotics and Automation, IEEE Transactions on, 2001, 17（3）：268-279.

［82］Sithole G, Vosselman G. Automatic structure detection in a point-cloud of an urban landscape［C］//Remote Sensing and Data Fusion over Urban Areas, 2003. 2nd GRSS/ISPRS Joint Workshop on. IEEE, 2003：67-71.

［83］Lukács G, Martin R, Marshall D. Faithful least-squares fitting of spheres, cylinders, cones and tori for reliable segmentation［M］//Computer Vision—ECCV'98. Springer Berlin Heidelberg, 1998：671-686.

［84］Kimme C, Ballard D, Sklansky J. Finding circles by an array of accumulators [J]. Communications of the ACM, 1975, 18 (2): 120-122.

[85] Vosselman G, Gorte B G H, Sithole G, et al. Recognising structure in laser scanner point clouds [J]. International Archives of Photogrammetry, Remote Sensing and Spatial Information Sciences, 2004, 46 (8): 33-38.

[86] Rabbani T, Van Den Heuvel F. Efficient hough transform for automatic detection of cylinders in point clouds [J]. ISPRS WG III/3, III/4, 2005 (3): 60-65.

[87] 刘胜兰. 逆向工程中自由曲面与规则曲面重建关键技术研究 [D]. 南京航空航天大学, 2004.

[88] Belton D, Lichti D D. Classification and segmentation of terrestrial laser scanner point clouds using local variance information [J]. IAPRS, XXXVI, 2006: 5.

[89] El-Halawany S, Moussa A, Lichti D D, et al. Detection of road curb from mobile terrestrial laser scanner point cloud [J]. ISPRS-International Archives of the Photogrammetry, Remote Sensing and Spatial Information Sciences, 2011 (3812): 109-114.

[90] Rabbani T, van den Heuvel F, Vosselmann G. Segmentation of point clouds using smoothness constraint [J]. International Archives of Photogrammetry, Remote Sensing and Spatial Information Sciences, 2006, 36 (5): 248-253.

[91] Wang M, Tseng Y H. Automatic segmentation of LiDAR data into coplanar point clusters using an octree-based split-and-merge algorithm [J]. Photogrammetric Engineering & Remote Sensing, 2010, 76 (4): 407-420.

[92] Al-Durgham M, Habib A. A framework for the registration and segmentation of heterogeneous lidar data [J]. Photogrammetric Engineering & Remote Sens-

ing, 2013, 79 (2): 135-145.

[93] Pu S, Vosselman G. Automatic extraction of building features from terrestrial laser scanning [J]. International Archives of Photogrammetry, Remote Sensing and Spatial Information Sciences, 2006, 36 (5): 25-27.

[94] Gorte B. Planar feature extraction in terrestrial laser scans using gradient based range image segmentation [C] //ISPRS Workshop on Laser Scanning, 2007: 173-177.

[95] Wang J, Shan J. Segmentation of LiDAR point clouds for building extraction [C] //American Society for Photogramm. Remote Sens. Annual Conference, Baltimore, MD, 2009: 9-13.

[96] Axelsson P. Processing of laser scanner data—algorithms and applications [J]. ISPRS Journal of Photogrammetry and Remote Sensing, 1999, 54 (2): 138-147.

[97] Maas H G. The potential of height texture measures for the segmentation of airborne laserscanner data [C] //Fourth International Airborne Remote Sensing Conference and Exhibition/21st Canadian Symposium on Remote Sensing, 1999: 154-161.

[98] Filin S, Pfeifer N. Segmentation of airborne laser scanning data using a slope adaptive neighborhood [J]. ISPRS Journal of Photogrammetry and Remote Sensing, 2006, 60 (2): 71-80.

[99] Kim C, Habib A, Mrstik P. New approach for planar patch segmentation using airborne and terrestrial laser data [C] //Proceedings of ASPRS Annual Conference. Presented at the ASPRS 2007 Annual Conference, Tampa, Florida, USA, 2007.

[100] Nobrega R A A, O'Hara C G. Segmentation and object extraction from anisotropic diffusion filtered LiDAR intensity data [C] //Proceedings of the 1st International Conference on Object-based Image Analysis (OBIA-2006), 2006.

[101] Hoffman R, Jain A K. Segmentation and classification of range images [J]. Pattern Analysis and Machine Intelligence, IEEE Transactions on, 1987 (5): 608-620.

[102] Bolles R C, Fischler M A. A RANSAC-based approach to model fitting and its application to finding cylinders in range data [C] //IJCAI. 1981, 1981: 637-643.

[103] Chaperon T, Goulette F. Extracting cylinders in full 3D data using a random sampling method and the gaussian image [C] // Vision Modeling & Visualization Conference DBLP, 2001.

[104] Schnabel R, Wahl R, Klein R. Efficient RANSAC for point-cloud shape detection [C] //Computer Graphics Forum. Blackwell Publishing Ltd, 2007, 26 (2): 214-226.

[105] Yokoya N, Levine M D. Range image segmentation based on differential geometry: A hybrid approach [J]. Pattern Analysis and Machine Intelligence, IEEE Transactions on, 1989, 11 (6): 643-649.

[106] Filin S. Surface clustering from airborne laser scanning data [J]. International Archives of Photogrammetry Remote Sensing and Spatial Information Sciences, 2002, 34 (3/A): 119-124.

[107] Betts H D, DeRose R C. Digital elevation models as a tool for monitoring and measuring gully erosion [J]. International Journal of Applied Earth Observation and Geoinformation, 1999, 1 (2): 91-101.

[108] James L A, Watson D G, Hansen W F. Using LiDAR data to map gullies and headwater streams under forest canopy: South Carolina, USA [J]. Catena, 2007, 71 (1): 132-144.

[109] Perroy R L, Bookhagen B, Asner G P, et al. Comparison of gully erosion estimates using airborne and ground-based LiDAR on Santa Cruz Island, California [J]. Geomorphology, 2010, 118 (3): 288-300.

[110] Eustace A, Pringle M, Witte C. Give me the dirt: Detection of gully extent and volume using high-resolution lidar [M] //Innovations in Remote Sensing and Photogrammetry. Springer Berlin Heidelberg, 2009: 255-269.

[111] Evans M, Lindsay J. High resolution quantification of gully erosion in upland peatlands at the landscape scale [J]. Earth Surface Processes and Landforms, 2010, 35 (8): 876-886.

[112] Mason D C, Scott T R, Wang H J. Extraction of tidal channel networks from airborne scanning laser altimetry [J]. Isprs Journal of Photogrammetry & Remote Sensing, 2006, 61 (2): 67-83.

[113] Rutzinger M, Höfle B, Pfeifer N, Geist T, Stötter J. Object-based analysis of airborne laser scanning data for natural hazard purposes using open source components [CD]. International Archives of Photogrammetry, Remote Sensing and Spatial Information Sciences, 2006, XXXVI (4/C42) .

[114] Hughes A O, Prosser I P, Hughes A O, et al. CSIRO land and water-gully and riverbank erosion mapping for the Murray-Darling Basin [J]. CSIRO Land and Water Technical Reports G and I for the MDBC Basin-Wide Sediment Mapping Project, 2003.

[115] Lee S. Soil erosion assessment and its verification using the universal soil

loss equation and geographic information system: A case study at Boun, Korea [J]. Environmental Geology, 2004, 45 (4): 457-465.

[116] Brzank A et al. Aspects of generating precise digital terrain models in the wadden sea from Lidar-water classification and structure line extraction [J]. ISPRS Journal of Photogrammetry and Remote Sensing, 2008 (5): 510-528.

[117] Benoy et al. Impacts of accuracy and resolution of conventional and Li-DAR based DEMs on parameters used in hydrologic modeling [J]. Water Resour Manage, 2010: 1363-1380.

[118] Martinez-Casasnovas J A, C. Anton-Fernandez, M. C. Ramos. Sediment production in large gullies of the Mediterranean area (NE Spain) from high-resolution digital elevation models and geographical information systems analysis [J]. Earth Surface Processes and Landforms, 2003, 28 (5): 443-456.

[119] Wischmeier W H, Smith D D. Predicting rainfall erosion losses—A guide to conservation planning [J]. Predicting Rainfall Erosion Losses-A Guide to Conservation Planning, 1978.

[120] Renard K G, Ferreira V A. RUSLE model description and database sensitivity [J]. Journal of Environmental Quality, 1993, 22 (3): 458-466.

[121] Dun S, Wu J Q, Elliot W J, et al. Adapting the Water Erosion Prediction Project (WEPP) model for forest applications [J]. Journal of Hydrology, 2009, 366 (1): 46-54.

[122] Sidorchuk A. Dynamic and static models of gully erosion [J]. Catena, 1999, 37 (3-4): 401-414.

[123] Radoane M, Ichim I, Radoane N. Gully distribution and development in Molda via, Romania [J]. Catena, 1995, 24 (2): 127-146.

［124］贾宁凤. 基于 AnnAGNPS 模型的黄土高原小流域土壤侵蚀和养分流失定量评价［D］. 中国农业大学，2005.

［125］Mongus D，Zalik B. Computationally efficient method for the generation of a digital terrain model from airborne LiDAR data using connected operators［J］. Selected Topics in Applied Earth Observations & Remote Sensing IEEE Journal，2014，7（1）：340-351.

［126］Guan H，Li J，Yu Y，et al. DEM generation from lidar data in wooded mountain areas by cross-section-plane analysis［J］. International Journal of Remote Sensing，2014，35（3）：927-948.

［127］Beger R，Gedrange C，Hecht R，et al. Data fusion of extremely high resolution aerial imagery and LiDAR data for automated railroad centre line reconstruction［J］. ISPRS Journal of Photogrammetry and Remote Sensing，2011，66（6）：S40-S51.

［128］李怡静，胡翔云，张剑清，等. 影像与 LiDAR 数据信息融合复杂场景下的道路自动提取［J］. 测绘学报，2012，41（6）：870-876.

［129］刘正军，梁静，张继贤. 空间域分割的机载 LiDAR 数据输电线快速提取［J］. 遥感学报，2014（1）：4.

［130］余洁，穆超，冯延明，等. 机载 LiDAR 点云数据中电力线的提取方法研究［J］. 武汉大学学报（信息科学版），2011，36（11）：1275-1279.

［131］Cao C，Bao Y，Chen W，et al. Extraction of forest structural parameters based on the intensity information of high-density airborne light detection and ranging［J］. Journal of Applied Remote Sensing，2012，6（1）：063533-1-063533-12.

［132］何祖祥，高军宝，王卫民，等．机载激光雷达（LiDAR）在尼日尔原油管道勘测中的应用［J］．石油工程建设，2012，38（3）：50-52.

［133］张晓浩，娄全胜，黄华梅，等．北海市涠洲岛西南部海岸形态变化的 LiDAR 监测［J］．测绘科学技术学报，2015，32（4）：373-378.

［134］严庆安．散乱图像集环境下的视觉三维重构关键技术研究［D］．武汉大学，2017.

［135］Kwak E. Automatic 3D building model generation by integrating LiDAR and aerial images using a hybrid approach［J］. University of Calgary，2013.

［136］Serna A，Marcotegui B. Detection，segmentation and classification of 3D urban objects using mathematical morphology and supervised learning［J］. ISPRS Journal of Photogrammetry and Remote Sensing，2014.

［137］Brovelli M A，Cannata M，Longoni U M. Managing and processing LIDAR data within GRASS［R］. Processing of the Oper Source GIS－GRASS users Conference 2002. Trento，Italy，2002.

［138］蒋晶珏．LIDAR 数据基于点集的表示与分类［D］．武汉大学，2006.

［139］Fang H T，Huang D S. Noise reduction in LIDAR signal based on discrete wavelet transform［J］. Optics Communications，2004，233（1-3）：67-76.

［140］Reddy T S. Noise reduction in LIDAR signal using wavelets［J］. Internatio nal Journal of Engineering and Technology，2009，2（1）：21-28.

［141］Nardinocchi C，Forlani G，Zingaretti P. Classification and filtering of laser data［J］. International Archives of Photogrammetry and Remote Sensing，2003，34（3/W13）：1-9.

［142］左志权．顾及点云类别属性与地形结构特征的机载 LIDAR 数据滤波方法［D］．武汉大学，2011.

［143］梅承力，周源华．高维数据空间索引的研究［J］.红外与激光工程，2002，31（1）：77-81.

［144］李源．基于三角网的 DEM 数据生成及可视化研究［D］.中南大学，2009.

［145］龚俊，朱庆，章汉，等．基于 R 树索引的三维场景细节层次自适应控制方法［J］.测绘学报，2011，40（4）：432-441.

［146］刘宇，熊有伦．基于有界 kd 树的最近点搜索算法［J］.华中科技大学学报（自然科学版），2008，36（7）：73-76.

［147］Axelsson P E. DEM generation from laser scanner data using adaptive TIN models［J］. Int. Arch. Photogramm Remote Sens，2000（32）：110-117.

［148］Sithole G，Vosselman G. Experimental comparison of filter algorithms for bare earth extraction from airborne laser scanning point clouds［J］. ISPRS J. Photogramm. Remote Sens，2004（59）：85-101.

［149］Sithole G，Vosselman G. Report：ISPRS comparison of filters［R］. IS-PRS comparison Ⅲ，Working Group 3，2003.

［150］Darmawati A T. Utilization of multiple echo information for classification of airborne laser scanning data［D］. M. Sc. Thesis，International Institute for Geo-information Science and Observation，Enschede，The Netherlands，2008.

［151］Chen C，Li Y，Li W，et al. A multiresolution hierarchical classification algorithm for filtering airborne LiDAR data［J］. Isprs Journal of Photogrammetry & Remote Sensing，2013，82（4）：1-9.

［152］汤国安．我国数字高程模型与数字地形分析研究进展［J］.地理学报，2014，69（9）：1305-1325.

［153］张尧，樊红，李玉娥. 一种基于等高线的地形特征线提取方法 ［J］. 测绘学报，2013，42（4）：574-580.

［154］汤国安，刘学军，房亮，等. DEM 及数字地形分析中尺度问题研究综述 ［J］. 武汉大学学报（信息科学版），2006，31（12）：1059-1066.

［155］孔月萍，方莉，江永林，等. 提取地形特征线的形态学新方法 ［J］. 武汉大学学报（信息科学版），2012，37（8）：996-999.

［156］周毅，汤国安，张婷，等. 基于格网 DEM 线状分析窗口的地形特征线快速提取方法 ［J］. 测绘通报，2007（10）：67-69.

［157］Shah T R. Automatic reconstruction of industrial installations using point clouds and images ［D］. PHD Thesis in NCG，2006.

［158］张量. 曲面点云特征提取技术的研究与实现 ［D］. 苏州大学，2008.

［159］Woo H，Kang E，Wang S Y，and Lee K H. A new segmentation method for point cloud data ［J］. International Journal of Machine Tools and Manufacture，2002（42）：167-178.

［160］李宝，程志全，党岗，金士尧. 三维点云法向量估计综述 ［J］. 计算机工程与应用，2010，46（23）：1-7.

［161］聂建辉. 大规模散乱点云数据后处理技术研究 ［D］. 大连海事大学，2009.

［162］Belton D，Lichti D D. Classification and segmentation of terrestrial laser scanner point clouds using local variance information ［J］. The International Archives of Photogrammetry，Remote Sensing and Spatial Information Sciences，2006，36（Part 5）：44-49.

［163］王学民．应用多元分析［M］．上海：上海财经大学出版社，1999.

［164］贺美芳．基于散乱点云数据的曲面重建关键技术研究［D］．南京航空航天大学，2006.

［165］Visintini D，Crosilla F，Sepic F. Laser scanning survey of the Aquileia Basilica（Italy）and automatic modeling of the volumetric primitives［C］//International Archives of Photogrammetry，Remote Sensing and Spatial Information Sciences，2006，XXXVI，5.

［166］刘延．基于三维激光扫描数据的散乱点云分割方法研究［D］．河海大学，2011.

［167］田庆．地面激光雷达数据的分割与轮廓线提取［D］．北京建筑工程学院，2008.

［168］刘宇．基于微分信息的散乱点云拼合和分割［D］．华中科技大学，2008.

［169］Liu Y，Yin Z P，Xiong Y L. Estimating curvatures and the Darboux frame from unorganised noisy point cloud［J］. International Journal of Materials and Product Technology，2008，33（1-2）：137-152.

［170］Blane M M，Lei Z，Çivi H，et al. The 3L algorithm for fitting implicit polynomial curves and surfaces to data［J］. Pattern Analysis and Machine Intelligence，IEEE Transactions on，2000，22（3）：298-313.

［171］武汉大学测绘学院测量平差学科组．误差理论与测量平差基础［M］．武汉：武汉大学出版社，2003.

［172］Tang C K，Medioni G. Curvature-augmented tensor voting for shape inference from noisy 3d data［J］. Pattern Analysis and Machine Intelligence，IEEE Transactions on，2002，24（6）：858-864.

［173］Filin S，Avni Y，Baruch A，et al. Characterization of land degradation along the receding Dead Sea coastal zone using airborne laser scanning［J］. Geomorphology，2014（206）：403-420.

［174］中国科学院生态与环境领域战略研究组. 中国至 2050 年生态与环境科技发展路线图［M］. 北京：科学出版社，2009.

［175］何学铭. 点云模型的孔洞修补技术研究［D］. 南京师范大学，2013.

［176］杨彪. 多基线时序近景影像的水土流失微观监测方法［D］. 河海大学，2013.

［177］田秀. 基于 LUCC 的朔州市土壤侵蚀敏感性动态预测研究［D］. 太原理工大学，2012.

［178］刘学军，卞璐，卢华兴，等. 顾及 DEM 误差自相关的坡度计算模型精度分析［J］. 测绘学报，2008，37（2）：200-206.